陳煥堂、林世煜・著

台灣茶第一堂課
頂尖茶人教你喝茶一定要知道的事！

推薦序——

一個血液裡都是茶的人

認識煥堂大約有二十幾年了，從開始種高山茶，他的老師吳振鐸教授，就給我們多方的指導；在民國六十幾年，當時正是凍頂茶掛帥的時代，在一次觀摩的機緣，觸動了我們種高山茶的想法，開始種植之後，吳教授更指導我們，應善加利用茶菁先天絕佳的自然條件，製作較輕發酵，清香型的茶，以和市場的凍頂式烏龍茶區隔，事實證明，這個建議對往後的高山茶發展，影響是極其深遠的。

當時為吳教授高徒的煥堂，仗著他的「好鼻師」也一路找到茶山來，個性敢說直言的他，也從不吝於給我們批評指教。

基於茶學基礎深厚，他對各個山頭的茶性，都瞭若指掌；對於後輩提出的疑問，也總是能針對每泡茶來把脈，詳細告知每一個環節，在什麼地方應該注意的每件事；他對大地自然謙卑，對茶追求完美，總是能深入淺出，旁徵博引來教導茶的原理，要我們順著時節氣候環境的變化、茶菁的特殊性，來調整製茶的技術與方法。偶爾他也會寄一些他認為的好茶，與我們分享，讓我們對茶有更進一步的認識與體會，有一個努力的方向與目標。基於對茶的深厚情感，目前市場的高山茶偏向綠茶化，他深以為憂與不以為然，他堅持應適茶適性的做茶，讓茶有多元性的展現，而非一片的綠化。

對於這樣一個身體的細胞裡、血液裡都是茶的人要出書，簡直是就是一場大輸血，相信這本「茶林祕笈」，對於愛茶的人，絕對會功力倍增，獲益良多的。

嘉義縣梅山鄉龍眼村資深茶農 林允發

作者序——

解放福爾摩沙烏龍茶

茶是世界上僅次於水，被喝得最多的飲料。

全球年產量已經超過三百萬噸。其中，百分之九十是全發酵的紅茶，百分之八是不發酵的綠茶，剩下的百分之三，是所謂「半發酵茶」，就是我們通稱的「烏龍茶」，年產量不到十萬噸。除了近年在越南和印尼，有少量新闢茶園之外，產地集中在中國的福建和廣東兩省，以及台灣。台灣年產量兩萬多噸，略占全球烏龍茶產量的三分之一z。

烏龍茶自一百五十多年前就揚名世界，而且與「福爾摩沙」密不可分。「Formosa Oolong Tea ——福爾摩沙烏龍茶」，象徵無酒精的香檳，軟性飲料的極品，廣受全球市場的喜愛。自晚清開港，歷經日治到國民黨政府初期，茶葉一直是台灣外銷創匯的首位；台灣的茶，絕大部分賣到國外。但自一九七〇年代，台灣經濟發泡並起飛以來，這兩萬多噸烏龍茶，都是我們自己喝掉了。

當其聲名如日中天的時代，外銷三箱，總重四十五公斤的「東方美人——白毫烏龍茶」，可以換一棟「樓仔厝」。那樣的天價，大概只有極盛期的英國王室買得起。到了一九八〇年代，台灣島上蓄積的財富，已足以誇其鄰里，得到「特等獎」的比賽茶，動輒數萬元一斤。這種行情，除了黑金、民代和「田僑」之屬，我們尋常百姓，恐怕無以問津。

隨著茶價飛漲，飲茶的身段、姿勢和道行，當然也日趨考究。本土型的「聞人」，最愛在他的「透天厝」一樓大廳，擺下巨大原木桌椅，小杯品飲，暢論「南北二路」英雄豪傑，或者綁椿布腳，或者分潤調度。另有新興都會型的茶藝館風格，主其事者，男的著唐衫道袍，女的一襲鳳仙裝，都善能談玄說怪，講佛論命。頗有欲問已「忘茶」的效果。市場消費力既然興起，茶的種植與製作，自然也花樣翻新，層出不窮。其中最具影響力的，莫過於海拔高度，和比賽得獎等第兩者。

國際紅茶界，通常將印度和錫蘭等產地，茶園海拔超過一千兩百公尺者，稱為

高山茶；台灣因為緯度略高，一千公尺以上就算數了。以台灣目前的市況來看，中海拔茶區的批發行情，大約等於茶園的海拔高度。換句話說，海拔一千六百公尺的茶園，其茶葉批發價一斤便約有一千六百元之譜。雖據研究指出，在這個高度以上，茶的品質不再隨著種植高度遞增而升級；但有趣的是，在這個高度以上，茶價卻飛速飆起，飆到兩千六百公尺的世界最高茶園時，茶價已不是凡夫俗子所能想望。

至於「比賽茶」，尤其是近十年來的比賽茶，則印證了「公權力」和「公信力」之間，難以跨越的鴻溝。台灣茶業界的耆老普遍認為，比賽茶的評審風格，是造成烏龍茶綠茶化，失去半發酵茶特色的原因。評審講究茶葉外型緊結如珠，無形中引導茶農採摘成熟度不足的嫩芽，並在製程當中，輕易混過萎凋、靜置、攪拌之間的發酵過程。結果是茶湯淡而無味，容易流於苦澀，以致近來漸有烏龍傷胃之說。

到目前這個世紀交替的時代，二十年來略嫌誇張的「膨風」心態，已慢慢沈澱到基本面。我們想不擺譜，順心適意地喝杯烏龍茶，反倒發覺如入五里霧中。台灣人種茶製茶一百五十年，前一百三十年自己喝不到，後二十年又貴得喝不起。如今茶價漸平，但走進茶行茶館，看架子上琳瑯滿目，聽老闆舌燦蓮花，陡然驚覺對這烏龍之為物，實在莫宰羊。於是很多人怯生生地問，一餅「普洱」多少錢，聽說普洱不傷胃，是不是？

真是的，茶業之為台灣現代開發史最璀璨的一頁，早已為人淡忘；茶之為世人最常喝的飲料，也為我們所不察；而烏龍之為台灣「國飲」，又有多少人能說得清幾分！你喝烏龍茶嗎？是買便利商店的罐裝微甜烏龍茶，還是喜歡自己買自己泡自己喝？你愛小壺小盅，還是馬克杯牛飲？你都喝些什麼茶？文山包種、凍頂烏龍、東方美人，還是新近崛起的「高山鐵觀音」？你愛高山氣，還是焙火香？清淡或是濃郁的口味？人說「春茶作香，冬茶作水」，你可都歡喜？你堅持「一槍兩旗」，非手採不喝，還是一杯在手，不覺就哼起來說：「香秀水幼，味清旗明」？你都到巷口那家茶行，還是迪化街的老店買茶？也許，你說你的茶是管區

的「刑事」，前幾天向你推銷的……

　　真是矇查查！「開口洋盤閉口相」，不如買盒紅茶包，拿紙杯沖出來待客算了。真是的，那些種茶、製茶、賣茶的，把一條烏龍嚴嚴整整地裹起來，籠罩在神祕、玄妙、難解之中。「福爾摩沙烏龍茶」，曾令世人迷戀，如今倒教我們自己迷惑不已。這一條百年烏龍，已到了加以解放，還其本來面目的時候了！

　　這烏龍兩字，含義混沌豐富。名稱的由來，自原產地就染上各種傳奇色彩。它指的可以是茶樹品種，如台灣當家的青心烏龍；不過嚴格地說，是專指「半發酵茶」的特稱。半發酵茶貴在採摘適度成熟的茶菁，經過適度的發酵，使其內含物質充分轉化，形成千姿百態的迷人香氣與滋味。烏龍茶的製程繁複，推究起來，可能是近兩百年才逐漸發展成熟。其變化之難以掌握，和熟練技術工人之難以培養，可能是導致產區和產量侷限的原因。

　　做為一個當代台灣茶人，訪問故舊，共同檢視那一頁台灣茶業滄桑；又遍訪茶山，發願振興台灣烏龍，難免胸懷某種和這塊土地共存共榮的情感。

　　或在坪林，看蒼老佝僂的身影，伏在萎凋架上輕輕翻動；或在北埔，看烈日下古稀的婆婆，一心一意地採摘蟲蛀的細芽；或者在凍頂，看年輕的師傅，汗水淋漓地包揉做球。有時不免覺得，我們何其有幸，生在這人間罕有的烏龍茶區，在廣袤的「照葉樹林帶」，全球茶樹生長之地，我們得以享有半發酵技術所帶來，極致的香氣和滋味。

　　一百五十年來，這條烏龍曾經意氣昂揚，如今卻有蒙塵受困之難。我們心有戚戚，想要解其束縛，還其清朗。我們揭開「茶學」的面紗，盼望種茶、製茶、賣茶的茶人能再「照起工」悉心精製、嚴格品管；買茶、泡茶、喝茶的消費者也能安心適意，在日常起居之間，怡然於品飲賞識的妙趣。認識烏龍，認識台灣，一段從烏龍起家的台灣演變史；我們喝烏龍，彷彿和自己，和歷代開台祖先對話，也像為來者留下龍種。而本書，但願能為「福爾摩沙烏龍茶」，做個腳註！

陳煥堂、林世煜

目次

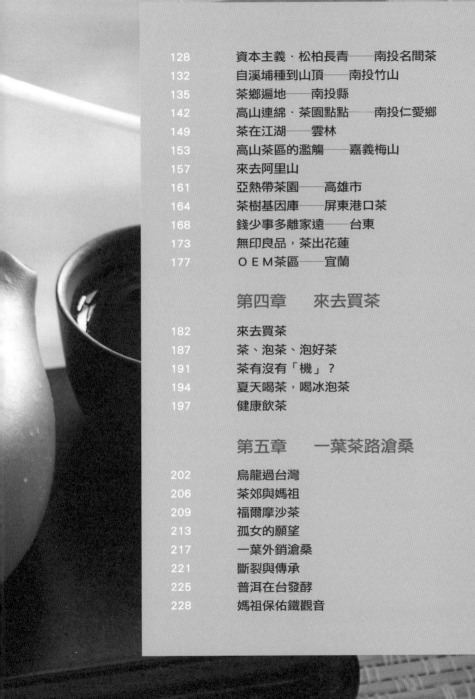

各品種茶葉基本資料表

品種		春冬採摘時間	主要產地	茶乾外型	香味	適製茶類
金萱	早生種	春3月下旬~4月上旬 冬10月下旬~11月上中旬	全台各產區	條型、半球型、半螺旋型	花香、果香、蜜香	包種、烏龍
翠玉	早生種	春3月下旬~4月上旬 冬10月下旬~11月上中旬	全台各產區	條型、半球型	花香、果香、蜜香	包種、烏龍
四季春	早生種	全年	南投	條型、半球型	花香、果香、蜜香	包種、烏龍
武夷	早生種	春3月下旬~4月上旬 冬10月下旬~11月上中旬	木柵 宜蘭 南投	條型、半球型、球型	花香、果香、蜜香	包種、烏龍 重發酵重焙熟茶
水仙	早生種	春3月下旬~4月上旬 冬10月下旬~11月上中旬	木柵 坪林	條型、球型	花香、果香、蜜香	包種、烏龍 重發酵重焙熟茶
大葉烏龍	早生種	春3月下旬~4月上旬 冬10月下旬~11月上中旬	花蓮 瑞穗	條型、球型	花香、果香、蜜香	包種、烏龍
硬枝紅心	早生種	春3月下旬~4月上旬 冬10月下旬~11月上中旬	石門 坪林	條型、球型	蜜香、熟果香	紅茶、包種
阿薩姆	早生種	夏茶品質最佳	魚池 埔里	條型	蜜香、熟果香	紅茶
紅玉 新品種	早生種	夏茶品質最佳	魚池 花蓮	條型、碎型	薄荷香、果香、蜜香	紅茶
青心柑仔	早生種	春3月下旬~4月上旬 冬10月下旬~11月上中旬	三峽	條型	蔬菜香	綠茶

藪北種 日本品種	早生種	春4月上中旬	龍潭	扁條狀	海苔味、 蔬菜香	綠茶
青心大冇	中生種	春4月上中旬 冬10月下旬~11月上旬	桃竹苗	條型、 半球、 半螺旋型	花果蜜	包種、烏龍 白毫烏龍
梅占	中生種	春4月上中旬 冬10月下旬~11月上旬	木柵	球型	熟果香	鐵觀音
佛手	中生種	春4月上中旬 冬10月下旬~11月上旬	坪林 石碇	條型、 半球型	熟果香	重發酵、 重焙火熟茶包種
白毛猴	中生種	春4月上中旬 冬10月下旬~11月上旬	坪林 石碇	條型、 半螺旋型	花香、 果香、蜜香	包種、 白毫烏龍
黃柑 幾近絕種	中生種	春4月上中旬 冬10月下旬~11月上旬	桃竹苗	條型	蔬菜香	紅茶、綠茶
鐵觀音	晚生種	春4月中下旬-5月上旬 冬10月下旬~11月上旬	木柵	球型	熟果香	重發酵、 重焙火熟茶、 鐵觀音
大慢種	晚生種	春4月中下旬-5月上旬 冬10月下旬~11月上旬	坪林 石碇	條型、 半螺旋	花香、 果香、蜜香	包種、烏龍 白毫烏龍
青心烏龍	晚生種	春4月中下旬-5月上旬 冬10月下旬~11月上旬	全台 產區	條型、 半球型、 半螺旋型	花香、 果香、蜜香	包種、烏龍

註1：適摘時間緯度、海拔而略有不同。例如青心烏龍於大部分產區適摘期如上表，
　　　但於梨山春茶則需至五月底～六月初方宜採製，台東鹿野二月即可採製。

註2：香型亦隨季節、製作方法差異度頗大。

半發酵茶種在製程上的差別

烏龍、包種、鐵觀音都屬半發酵茶，但因為製程不同，配合適製茶種，可以分別製作出不同的香氣和滋味，創造一個豐富多元的茶香世界。可惜近年來因為比賽茶風氣興盛，品種窄化、製程標準化，鐵觀音的製程幾與烏龍相似，失去了原本應有的熟果香而只餘火味，連包種茶也做得越來越像綠茶，不能不說是我輩嗜茶人口的一種損失。

茶種 & 製程	烏龍	包種	鐵觀音
萎凋	適度	較重茶菁失水較多，之後發酵才不會太重	較重
攤菁程度	適度	較薄	較厚，發酵較重
攪拌	適度	手勁較輕	手勁較重
靜置發酵	適度	時間較短	時間較長
揉捻	適度	不團揉	團揉時間長，邊揉邊焙，時間可長達三天，但現多不這麼做。
形狀	半球型或球型	條形	球型
口味	重喉韻	清香	有成熟果香

註：各項作業的程度視天候狀況及製茶師傅的習慣會有所不同。

烏龍茶的製作過程

步驟 1.採摘茶菁
>>>採取成熟度足夠的一心二葉對口茶芽。

好茶祕訣 適當的成熟葉,茶菁的內含物質才足夠,多樣的高香成份是烏龍茶潛力最豐沛的材料,不宜過份嫩採。

步驟 2.萎凋
>>>快速發散茶菁內的水份,這是半發酵茶製造的絕對關鍵,過與不及都會影響後續製程。

好茶祕訣 偏嫩的茶芽經不起日曬,容易萎凋不足,高山茶區陽光不足的時候,萎凋也難以進行。若萎凋不足,苦澀的低沸點菁味消退不足,且難以催動滲透與發酵,形成當今烏龍茶菁臭味猶存,香氣和滋味淡薄的通病。

(a.) 日光萎凋
>>>將茶菁攤在陽光下晾曬,是較好的萎凋方式!

(b.) 熱風萎凋
>>>應是不得已而為之的萎凋方式,如下雨或陰天使用,但目前坪林及台東地區,均常態使用熱風萎凋。

好茶祕訣 除非不得已,攤在陽光下自然的晾曬,使葉片水分自然「走水」,相較於熱風萎凋製出的茶葉,更能保有自然的香氣。

步驟 3.靜置與攪拌

>>>目的是要使藏於枝梗、葉脈和葉片間的水分，充分流動，均勻地發散。

> **好茶祕訣** 靜置時間及攪拌程度依氣候狀況、茶菁含水量等由製茶師傅判斷，靜置時間及攪拌不足會造成茶湯色混濁不清，香氣淡薄，滋味苦澀。

步驟 4.大浪與堆菁

>>>最後一次的攪拌，稱為大浪，意在「保水」而非「走水」，讓茶芽保持一定含量水份以利發酵。大浪之後，讓茶菁堆積發熱，形成較溫暖更適於發酵作用的狀態，便是堆菁。讓茶菁充分地發酵四至八小時，靜置發酵時間的長短，必須具體掌握當時的天候狀況來判斷。

> **好茶祕訣** 堆菁的時間不足就殺菁，茶菁發酵不足，茶湯便易青澀。

步驟 5.殺菁

>>>殺菁，就是以高溫破壞酵素的作用，讓茶菁停止發酵，發散水分，並炒出茶香，是製茶過程中最重要的關鍵。

> **好茶祕訣** 炒菁適度，才能讓低沸點的芳香物質在炒菁過程發散掉，去蕪存菁，留下真正的香氣。炒得不熟香氣便無法形成，苦澀味去不盡，茶湯混濁，成品也難以久存。

步驟 6.揉捻、初乾、團揉

>>>炒熟的葉稱炒菁葉，放到揉捻機裡揉捻，藉助機器壓力，破壞茶芽葉細胞，以利後續後序做型工序進行。

好茶祕訣 茶葉的形狀也會影響茶湯的口味，通常條型茶口味較輕香高雅，球型或半球型茶香氣收斂，滋味較豐富。

步驟 7.乾燥、烘存

>>>這是製成毛茶的最後一道工序。要將茶葉中的水分減到百分之五以下。

好茶祕訣 條型包種茶要能輕易將枝梗折斷，而烏龍茶球則必須能以兩指搓成粉末，才算達到乾燥的程度。如乾燥程度不足，茶葉便不易保存。目前消費者經常買到的都是這個階段的毛茶，並未經過精製。

步驟 8.揀枝、烘焙、拼配

>>>這是茶行後段的精製工夫，好的烘焙可以改變茶的風味，如懂得拼配，可以創出獨門的口味！

好茶祕訣 揀枝的目的在除去枝梗老蒂、黃片及夾雜物，揀枝因會和空氣再度接觸，難免吸收空氣中的水份，必須再度進行覆火烘焙。

第一章

茶菁幻化
烏龍成型

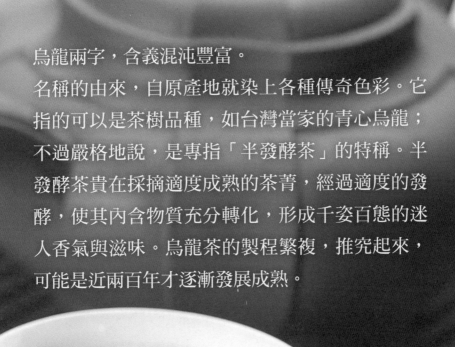

烏龍兩字，含義混沌豐富。

名稱的由來，自原產地就染上各種傳奇色彩。它指的可以是茶樹品種，如台灣當家的青心烏龍；不過嚴格地說，是專指「半發酵茶」的特稱。半發酵茶貴在採摘適度成熟的茶菁，經過適度的發酵，使其內含物質充分轉化，形成千姿百態的迷人香氣與滋味。烏龍茶的製程繁複，推究起來，可能是近兩百年才逐漸發展成熟。

1. 茶路天涯

茶是世界上僅次於水，被喝得最多的飲料。

全球年產量已經超過三百萬噸。其中，百分之八十以上是全發酵的紅茶，百分之八是不發酵的綠茶，只有百分之三是「半發酵茶」，就是我們通稱的「烏龍茶」，這「一小撮」半發酵茶，大部分種在福建、廣東和台灣，而大部分也都在當地喝掉。台灣的烏龍茶，在其中占有翹楚的地位。

　　中國的雲南省，一個與台灣阻隔遼遠之地。泥濘濕滑的土路，穿過綿延的山嶺密林，對行旅而言，難於上青天。當代「文明」世界可能記錄說，某某探險家在某時某日，在彼處「發現」了某個失落的世界。這只該是「我們」這些外鄉人的看法吧！「他們」當地的土著，第一眼看到裝束怪異的探險家時，心裡的驚訝，恐怕不是什麼「被發現」的、得救的雀躍。

　　至少，就如今風行全球的三大無酒精飲料——咖啡、可可、茶——而言，當地的人才是撒種、繁衍，並傳播「茶」福音的源頭。

　　所以說，茶書上都記載著雲南當地的世界三大古茶樹：其一，南糯茶王，樹齡八百餘年；其二，巴達茶王，一千七百餘年；和活了千年的邦崴茶王。當地人說，他們種茶已經種了五十五代。前去「探險」及「發現」的漢人學者便說，那大約是在敝國的三國時代，敢情是蜀國的諸葛孔明在七擒孟獲之際，以德服人，傳入農耕科技，才會將野生茶樹馴化，終而遍植神州，德被世界吧。

●位於雲南西雙版納，三大古茶樹之一的「巴達茶王」。樹齡一千七百餘年，原高32.12米，樹圍有三人合抱粗。數年前及腰而折，現今只剩23.6米高。

●一九八八年，台灣甫開放中國觀光之初，作者陳煥堂（左）即前往雲南探訪樹齡八百餘年的「南糯茶王」。可惜數年前此王即已謝世，只留遺照在人間。

這茶之為物，拉丁學名是 Camellia Sinensis，原生地是東亞的「照葉樹」森林帶，也就是沿著喜馬拉雅山脈，往南擴展到印度的阿薩姆，往北到雲南，接著曳洒往東，遍及中國的江南、印度支那半島、台灣，和日本。這一片森林多為常綠樹，樹葉表面光滑，所以稱為照葉樹。居住在這廣袤森林帶的民族，不論是漢是蕃，不約而同地把生長其中的茶葉，拿來加工，或吃或喝。這些吃茶或喝茶的民族，也四向遷移，部分來到台灣定居，又從台灣飄洋過海，遍布到南中國海和南太平洋各島。當代人類學家泛稱之為「南島民族」（Malayo-Polynesian），在台灣，則是平埔和高砂原住民的祖先。

或許茶種的飄移，比人種的流動還要早些。無論如何，他們都渡過了黑水溝，在台灣住下來。當漢人「發現」台灣之後，就有了「蕃」人喝茶的紀錄。西元一七二三年出版的《赤崁筆談》，曾提到「水沙連」——今埔里、日月潭、水里、竹山等地產茶，每年有漢人通事入山採製。這些山茶，或稱為野生茶，目前還找得到。事實上，埔里的眉原山，還有一處「原始茶樹野生林保護區」。至於原住民如何食用、飲用，或將茶作為藥用，我們所知不多了。

事實上，茶葉的栽種、加工、精製，以及因製茶、飲茶而產生的科學和藝術成就，得歸功漢民族。早在一千二百年前，唐朝統治中國之時，就有陸羽寫成一本《茶經》。陸羽自小孤苦，被送進廟裡當小和尚，又逃出來學唱戲，演小丑、「搬布袋戲」、變魔術；長大後受貴人賞識，讀書作官遊山玩水，精研茶道並品題各處名泉。他寫的《茶經》，論茶的起源和栽培，採製的工具，蒸菁的技術，烹飲的器皿，煮茶、飲茶的方

法，茶的掌故、產區、事略和圖譜。這是一本茶百科全書。整整一千年後，英國人在印度阿薩姆種茶，就將《茶經》翻譯，並深入探討，把它當作「教科書」。這是歷來所知的，文明史上最老的、實用的「現役」教科書。

　　這個茶的「文明化」過程，在台灣也是一樣。原來的野生山茶，據《淡水廳志》所載，「性極寒，蕃不敢飲」者，和我們今日的茶是不同的兩回事。如今的茶，不論品種、製法、茶人、茶文化，都是近代漢人入台移民史的核心之一。台灣的漢人移民，以閩粵兩地最早最多，種茶、製茶、飲茶的習慣，也像兩地一樣，以半發酵茶為主。盛行於中國其他廣大茶區，不發酵的綠茶，就不曾在台灣成長過。一直到今天，茶文化和茶市場，早已廣被全球，年產量約三百萬噸，其中近百分之九十幾是全發酵的紅茶，百分之八是綠茶，只有百分之三是半發酵茶。這「一小撮」半發酵茶，大部分種在福建、廣東和台灣，而大部分也都在當地喝掉。

　　對台灣住民而言，這就是「唐山公」帶來的文化。我們種的、喝的，像烏龍、包種、鐵觀音，或者東方美人，都是半發酵茶。那些穿著鳳仙裝，正襟危坐，用小壺小杯裝模作樣擺姿勢的「茶藝」，走遍世界也是只此台灣一家。在綿延千里、橫亙千年之後，茶已在台灣根深柢固，我們還要繼續喝茶幾千年。

● 望茶止渴
——蒐羅各型字體的「茶」字帖。

2.都是龍種——烏龍的品種

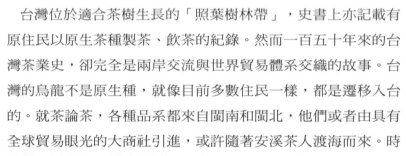

學茶先認種，品種、風土與製程，是三大決定茶好壞的因素。
品種也必須適合當地風土，不能把茶拿去不適合的地方種，
也要配合季節，不適合的季節，不能硬做某些茶……

　　台灣位於適合茶樹生長的「照葉樹林帶」，史書上亦記載有原住民以原生茶種製茶、飲茶的紀錄。然而一百五十年來的台灣茶業史，卻完全是兩岸交流與世界貿易體系交織的故事。台灣的烏龍不是原生種，就像目前多數住民一樣，都是遷移入台的。就茶論茶，各種品系都來自閩南和閩北，他們或者由具有全球貿易眼光的大商社引進，或許隨著安溪茶人渡海而來。時

●笑臉迎人的
「烏龍花」。

日遷移，人和茶都在台灣落地生根，有的繁榮昌盛，有的黯然無光。

　　「烏龍」指的是茶的製法，也是品種。與中國大陸所有半發酵茶均稱為烏龍茶不同，在台灣，大部分的半發酵茶，學界均稱之為「包種茶」，而市面上俗稱烏龍茶的，學界稱為「半球型包種茶」，譬如凍頂烏龍、高山烏龍等，這種說法是以製法及外型來區分。但烏

龍也是品種的名稱，因此在本書中，所謂「烏龍」，指的不但是品種名，如青心烏龍、大葉烏龍；更是指適於製作「半發酵」烏龍茶的各色茶樹品種，像金萱、翠玉、四季春。事實上，「烏龍」的名稱駁雜，唯一能確定的是，當你開口詢問烏龍茶的時候，老闆不會拿香片、龍井、紅茶、普洱來充數！在台灣和中國的烏龍茶產區，著名的品種不下數百，各色的「品種香」爭奇鬥豔，令人耽溺其中，流連忘返。

　　台灣茶區自來有其資本主義式的眼光，非常留意投入與產出之間的獲利能力，因而有流於品種窄化的傾向，更產生所謂「品種歧視」的現象，如俗諺說的「觀音韻、烏龍旗、青心氣、武夷香」。但凡茶種曾在台灣茶史占一席之地者，我們卻不妨稍加檢索。有些依然當紅，有些已淪落芒草叢中。反正，商業的邏輯，就這樣推動歷史的巨輪，一路輾過去。

青心烏龍

●青心烏龍的成熟葉葉型狹長，呈披針形。

　　青心烏龍種的茶樹，是台灣栽培歷史最久，分布最廣的品種。坪林一帶稱它「種仔」，凍頂人則說「軟枝烏龍」。一說英國人陶德於一八六六年，自安溪引進的茶苗，即是青心烏龍種。當時渡海來台的是「壓條苗」，不易變種，但本地茶園也有種籽落地生根，因此近親變異種很多。枝條軟硬，青心、紅心、黃心的葉芽，圓形、橢圓、披針形的葉片所在多有。又隨著栽種地區不同，品質有很大的差異。在日照較烈的平地，葉形較小，纖維化程度較快；高海拔茶樹的葉

●因為具有特殊的品種香「種仔旗」，而極受歡迎的青心烏龍。右圖為青心烏龍生長初期的茶芽。如做白毫烏龍則為適摘的茶芽。但如要做一般烏龍或包種，則仍為幼嫩，還未到適摘期。

肉較厚，不易纖維化，葉色也較濃綠，成熟葉的鋸齒明顯。

　　青心烏龍屬「晚生品系」，產期隨海拔與緯度而不同。台東鹿野茶區，二月中旬即可採收，名間鄉要等到四月中，廬山、霧社四月底，到了梨山，則要五月底或六月初了。

　　青心烏龍可作出蘭花香、桂花香等「品種香」。稍有茶齡的消費者都熟悉其香氣。青心烏龍的品種香，在北部坪林茶區，稱為「種仔旗」，中部則稱「烏龍旗」，或「凍頂旗」。這特有的品種香，便是嗜茶者追求的對象。由於廣受喜愛，商品價值很高，比同產區、同季節的其他品種，售價高出三成到五成。目前在市場上，單一品種的行情，僅遜於正欉鐵觀音。

青心大冇

　　青心大冇也是台灣栽培歷史悠久的品種。北部的老茶區，像文山一帶和宜蘭仍有少量栽培，中部的鹿谷、名間則都已被鏟除。目前只在桃竹苗地區仍是製作白毫烏龍的當家品種。

青心大冇是中生種，葉形比青心烏龍橢圓，側脈和主脈接近垂直，葉緣鋸齒明顯香氣也較青心烏龍豔。俗稱它為青心仔，大冇，夕種仔等等。它的生長勢強，產量高易於管理。但是做不好的話，苦味和「菁味」較重，高級頻率低，售價不到青心烏龍的一半，所以在內銷茶區逐漸絕跡。桃竹苗一帶以機械採收，管理費和勞力成本低，製成低價茶外銷，或加工做成「公司茶」和餐廳營業用茶。

　　但這並不完全是青心大冇得以存活的原因。大冇的珍貴，在於它受「小綠葉蟬」叮咬後，會產生令行家著迷的特殊氣息——人稱「蜒仔氣」。大冇在春秋冬三季，以機械採收；六月初「芒種」前後，客家歐巴桑冒著溽暑，在烈日下摘取受了蟲害，發育不良的嫩芽。蟲害愈嚴重，茶芽愈珍貴；新鮮摘下的茶菁，一斤可賣到兩千元。想想看，要三斤的茶菁才能做一斤毛茶，單是材料成本，每斤茶乾就要六千元新台幣，而且全年就只一收，總量約五萬斤。

　　青心大冇的身價不凡，由此可想而知。

●側脈和主脈接近垂直，葉形呈披針形，葉緣鋸齒明顯的青心大冇。在桃竹苗地區，青心大冇是製作白毫烏龍的當家品種。

金萱・翠玉

座落於桃園埔心的「農委會茶業改良場」，雖然數易其名，但從日治時代起的研究與開發工作，從未間斷。培育新種的工作，從一九三八年開始，戰後仍繼續下去，一九八一年四月十日，在數千個品種當中，由戰後台茶之父吳振鐸親自推出：台茶十二號──金萱，以及台茶十三號──翠玉。

金萱是以台農八號作母本，硬枝紅心作父本，人工雜交而成的第一子代。試驗代號為二○二七，也是茶改場成功育種的排列順序第十二號。北部茶區稱它為「十二號仔」，中部稱它「二七仔」。翠玉則是以硬枝紅心為母本，台農八十號為父本的第一子代，試驗代號二○二九，茶改場育種成功第十三號。北部稱它「十三號仔」，中部「二九仔」。自從烏龍在二百年前引進台灣之後，金萱、翠玉是首度在台推出的「外省第二代」，或者，換個更有前瞻性的說法，是「本省第一代」。

金萱的單位面積採收量，比青心大冇和青心烏龍高百分之二十至五十，萌芽整齊，樹勢旺盛，適機械採收；做成半發

●翠玉的葉形呈倒卵形。此圖為成熟的對口芽葉，用以製茶其香氣、滋味均為上乘。

● 滋味甘醇濃厚，上品可做出牛奶糖香品種味的金萱。如與翠玉相比，金萱的葉形葉尖較尖，葉肉較薄。

酵茶，滋味甘醇濃厚，具有特殊的品種香，有如桂花香、牛奶香，其中又以表現牛奶糖香者最為上品。目前金萱的種植面積僅次於青心烏龍，海拔一千六百公尺以下的茶區多有栽植，面積占全台第二。

　翠玉的單位面積產量也比青心烏龍和大冇高出百分之二十，做成半發酵茶，滋味更加甘醇；其品種香宛如茉莉和玉蘭，後者尤其明顯。目前翠玉多分布在坪林、宜蘭、台東和南投茶區。超過一千公尺的高山地區就少有人種，因為高山翠玉的嫩梗含水量較高，葉肉太厚，製茶的高級頻率偏低的緣故。

●和金萱同樣出自台茶之父吳振鐸之手的翠玉，品種香宛如茉莉和玉蘭。

四季春

　　四季春，茶山上稱它「四季仔」，是十多年前才崛起的新品種。它在木柵茶農「大頭輝」的茶園裡發現，屬極早生種，早春晚冬都生生不息，從不休眠，人稱大頭輝仔種。它是茶園裡自然雜交而生，帶有武夷種的特徵，可能是武夷與青心烏龍或青心大冇的親本雜交而成。

　　名間的茶農李彩云，自木柵引種，大量種植；它的生長勢強勁，產量大，又有早春茶和晚冬茶可採，適可填補市場空窗期，商品價值很高。李彩云將它命名為四季春，如今已成名間茶區最廣泛種植的品種。木柵原產地的主人大頭輝，則因它年可六收，命名為「六季香」，但反而沒有四季春那麼響亮，久而久之就淹沒無聞。

　　長日照高溫時生長的茶易苦，尤以四季春為最，不好的季節最好別採，熱季讓茶芽留養，讓茶樹可以自行光合作用，蓄積養分。冷天收成的四季春，製成品香氣和滋味較佳；夏秋流於苦澀，在市場上不如青心烏龍那般廣受寵愛。

●年可六收，連早春晚冬都生生不息的四季春，葉形橢圓，是目前名間茶區種植最為廣泛的茶種。

鐵觀音

全世界的半發酵茶產區，除了近年來台灣茶人前往越南、印尼等地開發之外，有史以來，就只聚集在中國的福建、廣東，和隔海的台灣。這片茶區當中，最富傳奇色彩的，或如武夷四大名欉——大紅袍、鐵羅漢、白雞冠、水金龜；除了這四種之外，就單一茶樹品種而言，鐵觀音無疑是最受寵愛，適製半發酵茶的極品。而它正是台灣多數茶種、茶人的故鄉，閩南安溪之地的當家品種，從發現種植至今，約有三百多年的歷史。

鐵觀音得名自有各式傳奇，都託言皇家和神仙的賞識。鐵觀音引入台灣，在目前全台的唯一產區——木柵，流傳著張迺乾、張迺妙兄弟，於一九一九年前往安溪引種的故事。但據史家考證，在此之前，南港茶區就有鐵觀音製作和買賣的紀錄。

鐵觀音是遲芽種，適應性較弱、生長緩慢，產能也較低。鐵觀音茶的製法繁複，需以布球團揉、炭火烘焙，第三天才能製成毛茶。但是它特有的品種香——觀音韻——是半發酵茶的千種風情當中，最令人留戀的。木柵茶區，將鐵觀音種的茶菁，按鐵觀音特有的製程做出來

●左圖，源自閩南安溪的鐵觀音，葉形橢圓，成熟葉面呈明顯的波浪狀。

●製法繁複的鐵觀音，因為特有的品種香「觀音韻」，最讓愛茶人士留戀；不過，只有用鐵觀音種茶菁，以鐵觀音製法做成的茶，才能稱為正欉鐵觀音。

●製法繁複的鐵觀音，因為特有的品種香「觀音韻」，最讓愛茶人士留戀；不過，只有用鐵觀音種茶菁，以鐵觀音製法做成的茶，才能稱為正欉鐵觀音。

的茶，稱為「正欉鐵觀音」，成緊結的球型，有十分凸顯的熟果香。用其他品種的茶菁，按同樣製法做成的茶，就只稱「鐵觀音」。但也有不是此品種也不是此製程而命名為鐵觀音的，如「石門鐵觀音」，不過用的是硬枝紅心這個品種，以炭火焙熟，無論茶種和製法，都和木柵不相似。

南港稱小葉鐵觀音者也是，用的不是鐵觀音種，也未經布球團揉，只是重烘焙而已。

霧社的東眼山，海拔一千六百公尺之處，曾經有人試種「正港」的紅心鐵觀音，芽頭生長良好，葉片肥厚。可惜因為過度肥培，又因循高山茶的製法，摘嫩芽、輕萎凋、輕發酵，以致產品不理想，幾年後就被茶園主人砍光了。目前僅有阿里山隙頂間有零星栽培，看來鐵觀音難種難製、量少價昂的狀況，還會再持續下去。

●梅占的葉形呈狹長、披針型，亦具有特殊的品種香。

梅占

也是從安溪引進的品種，種在木柵。早年木柵茶農將鐵觀音視為奇貨，其他茶區想來引種，木柵人便拿梅占來搪塞，曾經因此而被引進名間，但因種植期間不長大，都被拔光了。

梅占也用來製成鐵觀音，葉狹長成披針型，像桃子那樣，節間較長，含水量較高，製作較困難，有其特殊的品種香，一種蜜桃似的熟果香，但較為混濁。

武夷

　　武夷在台灣是指某一特定的品種，顧名思義，應當是自武夷茶區引進，而且是很早以前，就沿著台灣茶發展的軌跡，由淡水河往上游栽植，從金山到文山都有。中部茶區自有

●成熟的武夷對口葉，葉片顏色較淡呈淺綠色，葉肉較薄。部分茶區稱它為「白葉仔」或「薄葉」。

其引種的途徑，當地叫它「白葉仔」或「大葉仔」。問題是，武夷山是出名的「品種王國」，自然雜交和有性繁殖盛行，茶樹品種和名稱不下百種，卻找不到某一特定品種被稱為「武夷」的。

　　武夷茶多半重發酵，重火焙熟，滋味強勁甘甜。目前僅在坪林和宜蘭零星栽培，做成條型；木柵也有一些，做成球型鐵觀音，石門鄉當亦學步。

佛手

　　原產福建永春，何時引入台灣已難考查。它的葉型大如手掌，成品有特殊的佛手柑香氣，故稱佛手，一名「香橼」。有

●因葉片大如手掌，葉形呈橢圓形，葉緣鋸齒不明顯，嫩芽時期茶芽呈紫色。並因具有特殊的佛手柑香氣而得名佛手。

綠芽和紅芽兩系，目前只種在坪林上德村和石碇崩山一帶，多半是紅芽種，做成條型或球型茶。此外，亦引入台東鹿野和南投竹山。

製作良好的佛手，香氣滋味都非常濃郁，品種香明顯，經久耐泡，是善品茗者求之不得的妙品。因為量小質佳，價格十分昂貴，市價每斤動輒三千至四千元以上。佛手只收兩季，如果前往坪林遊賞，不妨向老茶行探聽一下，問老闆有沒有「香橼種」可賣。坪林茶區的買賣仍有古風，可按成品優劣議價，是內行人尋寶的樂園。倘若開口打聽「香橼種」，老闆說不定對你另眼相待呢！

水仙

水仙是包含武夷山在內的，閩北茶區最廣泛種植的當家品

●與台灣絕大多數的茶樹不同，樹勢高大，葉形亦大的水仙。其葉形橢圓，與佛手相較，葉面平滑無波浪。

種。葉形肥大，半喬木型的樹勢，不像台灣常見的，修剪得低矮的灌木欉。

採摘水仙，得「拿椅子擱腳」才行。在原產地閩北和廣東，標榜單欉水仙，樹勢更是高大。

水仙北部的文山老茶區都曾種植，目前在石碇的水底寮、深坑的崩山，和南港的大坑都還找得到。極品的水仙流露出難以置信的水蜜桃香，做成條型，產量極少。如果經常出入坪林，行為良好人氣又佳，說不定可以打聽到些許口風，弄個半斤、一斤回家嘗嘗。

大葉烏龍

曾是北部老茶區早期引進的品種，如今當地卻找不到了。目前少量種在花蓮的瑞穗，長得還特別好，近年漸成花東茶區標榜的特色之一，為其當家品種。大葉烏龍，因葉大，且花東地區溫度高，適合做發酵度較高的茶，容易形成果香及黑糖香。

●近年成為花東茶區新秀的大葉烏龍。葉形較青心烏龍大且呈披針形，葉色濃綠。

白毛猴

白毛猴種在坪林、石碇、南港一帶的包種老茶區，既是品種名，也代表用這個品種做出來的白毫烏龍茶。茶芽白毫特別顯露，成品外型捲曲狀若小白猴，用來和青心大冇種製成的白毫烏龍「起堆」──拼配之後更顯得五色斑斕，商品價值很高。

傳說白毛猴有特殊的治癌效果，產量卻很少，可知想買到手，要靠相當的機緣了。

●也被用來製作白毫烏龍的白毛猴的嫩芽，白毛顯露。在坪林、石碇一帶廣為種植。

大慢種

顧名思義，它是遲芽種，目前只產在坪林一帶的老包種茶區。大慢種也是白毫特別顯露，專門用來製成白毫烏龍的品種，外型美觀，有很高的商品價值。大慢種採收時，用的是整芽摘取的手法，將兩粒花苞一起採下，看起來狀如「蝦目」，是辨認大慢種最方便的特徵。

●嫩芽毫毛顯露，在坪林一帶是專門用來製成白毫烏龍的品種。秋冬製成包種，商品價值不高。

坪林區產製的白毫烏龍，標榜的「梨子氣」，就是大慢種特殊的品種香氣，採製時不特別考究是否「著蝝」，和北埔的正宗「椪風茶」有別。早年以「福爾摩沙烏龍茶」風行全球之際，外銷茶商以百分之二十的梨子氣，拼配百分之八十的蝝仔氣，外型美又好滋味，可以賣到十幾美元一公斤。

「烏龍」是台灣茶區的代表，但因台灣茶業歷史悠久，數度變遷，台灣各地也散見一些適製紅茶、綠茶的品種，在此一併解說。

阿薩姆

大葉種的阿薩姆用來做紅茶，在台灣起自日本時代，當時日人考查，認為南投魚池的土壤氣候條件和印度阿薩姆相似，便引進栽培，並建立紅茶試驗場，推廣到日月潭、埔里一帶，也引進花蓮鶴崗。前些年台灣紅茶事業本已因失去國際競爭力而消滅，茶園都已荒廢改種檳榔和柚子，阿薩姆的踪跡杳如黃鶴。但在九二一之後，埔里、魚池一帶重新以台灣紅茶為名推出商品以重建地方，主攻內銷市場，台灣紅茶因此又有抬頭之勢。如森林紅茶及澀水紅茶，都是以產地名為品牌推出的阿薩姆紅茶。

●日本時代被廣泛引進栽植，用來製作紅茶的阿薩姆。葉面成波浪狀且面積大，葉緣鋸齒明顯。

紅玉

紅玉正式名稱為台茶十八號。由茶業改良場魚池分場自一九四六年開始，進行品種人工雜交，歷四十一年選育與試驗，至一九八七年而成，一九九九年命名為「台茶十八號」，二〇〇三年透過公開票選為「台茶十八號」增添新名「紅玉」。選育期間，上級單位認為台灣紅茶產業已日薄西山，對

●紅玉為早生種的大葉種茶樹，由緬甸大葉種茶樹（母本）與台灣山茶（父本）交配而成，適製紅茶，成品具有綜合肉桂薄荷香氣之「台灣香」。

紅茶品種的選育工作自然不積極，多虧王兩全先生及陳月裡女士，默默堅持，甚至在退休後從台中遠赴魚池分場繼續努力，終而紅玉才有機會在台灣紅茶中嶄露頭角。我們在此向王兩全先生與陳月裡女士致上最高敬意。

　　紅玉為早生種的大葉種茶樹，由緬甸大葉種茶樹（母本）與台灣山茶（父本）交配而成，適製紅茶，成品具有綜合肉桂薄荷香氣之「台灣香」。紅玉目前的主要產區在南投魚池，另外花蓮鶴岡亦有少量栽培。

硬枝紅心

　　淡水河岸的老茶區，在三芝、北新莊、石門一帶，早年曾大量種植，專製小葉種「功夫」紅茶外銷之用，當年以「阿里磅」紅茶之名著稱於世。隨著外銷茶業消滅，茶區夷平，目前只在石門找得到硬枝紅心，它的適製性很高，石門當地將它重火焙熟，充作鐵觀音來賣。

●因芽色紫紅而得名的硬枝紅心，在日本時代製成紅茶，曾創下一公斤五十美元的輝煌記錄。並在當年以「阿里磅」紅茶之名，著稱於世。

青心柑種

專用來做綠茶的品種，目前只種在三峽。萌芽率強，從早春三月到十一月都可採收，做成碧螺春、龍井或供花胚之用。三峽的採收方式，幾乎全年無休，見芽輪採，而青心柑種竟能生生不息，可見其生命力之強勁。三峽茶人靠它賺少許採茶工資，勉強度日，其韌性和茶樹一樣令人感佩。

●三峽茶區，用來製作綠茶的青心柑種。

藪北種

曾是台灣出口煎茶的當家品種，種在桃竹苗一帶，如今此一品種幾已不存，或許在茶改場的品種園裡還能得見一二吧。

當年渡海來台的烏龍茶品種，看似繁多，百年以來，仍能在島內市場佔一席地者，其實屈指可數。今天的消費者買茶，或在茶藝店裡品茗，能叫得出口的，大約不出青心烏龍、金萱、翠玉、鐵觀音而

●此為由日本引進的綠茶品種，生長勢較直立，適合機採。是日本綠茶的當家品種之一。

已。品種窄化的原因，和市場一窩蜂的流行脫不了關係，新興茶區為了降低行銷的風險，往往也只敢投入最當紅的品種，取得搭順風車的便利。久而久之，品種便愈來愈窄化，消費者的選擇愈來愈少。即使在保留最多品種的文山茶區，也有愈來愈標榜「種仔」的氣氛（「種仔」是文山茶農對青心烏龍種的暱稱），近些年甚至當地的比賽茶也要求一律以青心烏龍參賽，讓品種窄化越來越嚴重，喝茶的多元性越來越少。幸好還有幾位彎腰駝背，齒搖髮禿的「現役」老茶農，依然不懈的耕作。他們，和他們茶園裡那些珍稀的品種，都是應受保護的，瀕臨絕種的品類。趁著這些僅存的碩果尚留人間的時候，走訪一趟坪林吧，有些，有些香氣和滋味，眼看就快消失了！

各茶種早生、中生、晚生表列

❶一般茶樹多在三月發芽，三月上旬萌芽的稱為早生種、月中萌芽的稱為中生種、月底萌芽的稱晚生種。早生、中生、晚生，亦可稱為早芽、中芽、晚芽。

❷也有在二月就發芽的茶樹，稱為極早生種。

❸因各別地區肥培、灌溉、氣候冷熱等因素影響發芽時間差異可能極大。發芽後可供採收的時機及採收期長短也各自不同。

早生種	金萱、翠玉、武夷、水仙、大葉烏龍、硬枝紅心阿薩姆、青心柑仔、紅玉、藪北種
中生種	青心大冇、梅占、佛手、白毛猴、黃柑
晚生種	鐵觀音、大慢種、青心烏龍

3. 節氣與時令

順應天時來安排農事，
一年分成二十四個節氣，
進退有序周而復始，對茶樹和茶人都是這樣。
也唯有這樣，才能做出「得時」的好茶！

　　晝夜的變化、日照、雨水、溫度、濕度等等四季的嬗替，對於大部分時間裡，都在人工控制的空調環境裡活動的人，依然有著強大的影響。對那些在野地裡成長的各色生物而言，更是最重要的變化機制。

　　農作與園藝，是人類最古老的職業，順應天時來安排農事，是古已有之的智慧，把一年分成二十四個節氣，進退有序周而復始，正是其中之一，對茶樹和茶人都是這樣。

春茶

　　茶園裡每年頭水採收的是「春茶」。時當「立春」之後，「立夏」之前，也就是二月初到五月初之間。事實上，在「清明」四月初之

●手採茶菁作業，須配合天時進行。

前，很少有茶可採。從「立春」、「雨水」、到「驚蟄」，就是二月初到三月初之間的茶，被茶農稱為「痟冬春」，就有著時令錯亂的意味。驚蟄之後是「春分」和「清明」。就中國主要綠茶產區而言，「明前」和「雨前」的嫩芽，是上選的貢品。但就半發酵茶而言，通常要等到清明之後，駐芽形成，對口芽逐漸肥壯，才開始採收春茶。

比較溫熱的台東，以及南投的名間、竹山一帶，因為採用不太休眠的「四季春」品種，配合較進步的耕作技術，春茶較早收成。其「早春」茶適逢市場的空窗期，通常售價較好。

市面上講究的「正春」茶，尤其針對烏龍而言，產於「清明」、「穀雨」，到「立夏」，也就是四月初到五月初之間，是謂「春芽春採」。中部茶山的俗諺就說，「穀雨過三工，茶葉變柴皮」。但是北部和高山茶區，因為春天溫度仍偏低，有時拖到立夏之後還在採收。另外有些「晚生種」的茶樹，像鐵觀音，也有這種「春芽夏採」的現象。一般來說，立夏之前如果日照太強，或吹起南風時，春茶就會帶著夏茶味了。

●初春萌發的茶芽。就烏龍而言，通常要到清明之後，才開始採收春茶。

夏茶

所謂的夏茶，從「立夏」算起，直到「立秋」，也就是五月初到八月初之間。其時溫度漸高，日照漸長，茶芽成熟快速。在這三個快生快長的月份裡，茶葉可收兩次。從「立夏」、「小滿」，到「芒種」，也就是五月初到六月初之間，採的是「頭水夏」；從「夏至」、「小暑」，到「大暑」，也就是六月下旬到七月下旬之間，叫「二水夏」。

通常二水夏採的是嫩葉，芽尖白毫顯露，因為時當農曆六月，俗稱「六月白」。這六月白在全年產季當中，價格最為谷底，採收與製作也最為粗放。

●芒種前後，受小綠葉蟬叮咬過的茶葉，最適合用來製作蜜香烏龍。若為受咬的青心大冇，則是製作白毫烏龍的佳品。

但是在「芒種」——六月初——前後，桃竹苗和坪林一帶，無風燠熱，小綠葉蟬大量繁殖，啃食茶芽，正是採製「白毫烏龍」的最佳時機。白毫烏龍每年就只收這麼一季，在其他茶區最淡的時候，以最耀眼的姿態異軍突起，是全台茶區所產，最聞名全球的，價格最「皇室化」的「東方美人」。

秋茶

顧名思義，「秋茶」當然就產於「立秋」之後，「立冬」之前，也就是八月初到十一月初之間。立秋之後，暑氣漸次消退，台灣進入颱風季，和暖而多雨水。到了「白露」，九月初前後，茶芽肥壯如筍，客家茶農稱之為「白露筍」。「秋分」，九月下旬之後，晝漸短而夜漸長，晝夜溫差加大。「霜降」，十月下旬之前，東北季風南下，茶葉內含的高香成份較多，一股「秋香」就生出來了。

秋茶是個漸變的季節，愈往後溫度愈低，茶就愈好。在高山茶區，從霜降到立冬之間，採收的是年度最後一季。到了十一月初，高山上的茶樹即將休眠，茶農準備過冬了。至於海拔較低的茶區，秋茶的品質和當季的氣候有很大的關係，天若冷得早，說不定就出現令人激賞的冬茶味；颱風和豪雨若是不留情面，不但茶沒有了，說不定土石橫流，樹倒牆傾，連保命都有困難呢。

冬茶

至於冬茶的採收，是台灣茶區較新的作法。按傳統閩南安溪茶區的習慣，採製作業十一月就截止了。早期來台的茶師傅和茶工紛紛買舟西渡回鄉過年。但是台灣的冬茶，從「立冬」採到「冬至」之後，已經接近年底，那股冬茶味和春茶一樣，是品茶者的至寶。

一般認為「正冬」茶，得在立冬，十一月初之後採收。其實

●金針花，開在
「金」風送爽的
秋天裡。秋高氣
爽，溫度怡人的
季節，能做出香
氣高揚的茶。

只是「秋芽冬採」，並不一定有「冬仔氣」。那股特殊的冷
香，要等到鋒面南下，在冷風洗煉之下，茶葉肥厚，貯存更多
內含物質之時，才會產生。那時通常已是「小雪」、「大雪」
時節，即十一月下旬到十二月上旬了。

　　真正「冬芽冬採」的「冬片仔」，只有某些地區；巧遇暖冬
的年份，要到冬至之後，過了新年的「小寒」，元月初裡才
有。總而言之，由秋入冬不但依節氣推移，更重要的是看冷氣
團是否南下，才能預測冬茶的滋味。至於南部茶區，和名間的
四季春，因為氣候和品種特性，而有「晚冬」茶可收，就不是
每個茶區都能有的了。

　　台灣各茶區，各有不同的微型氣候和茶園管理習慣，夏秋之
際，也有因為不敷成本，或「留養」的考量，而不採收者，總
是依天時與人力而定。對於四季節氣的熟悉，有助於消費者按

●冬季的茶苗培
育工作。

時令買茶。參
考所謂「不時
不食」的原則
來買茶，一樣
可以在適當的
季節，買到當
令盛產，物美
價廉的好茶。

節氣對照表（陽曆）

春茶	
立春	2月4日／5日
雨水	2月19日／20日
驚蟄	3月5日／6日
春分	3月20日／21
清明	4月4日／5
穀雨	4月20日／21

秋茶	
立秋	8月7日／8日
處暑	8月23日／24日
白露	9月8日／9日
秋分	9月23日／24日
寒露	10月8日／9日
霜降	10月23日／24日

夏茶	
立夏	5月6日／7日
小滿	5月20日／22日
芒種	6月5日／6日
夏至	6月21日／22日
小暑	7月7日／8日
大暑	7月23／24日

冬茶	
立冬	11月7日／8日
小雪	11月22日／23日
大雪	12月7日／8日
冬至	12月22日／23日
小寒	1月5日／6日
大寒	1月20日／21日

4. 茶菁幻化・烏龍成型

發酵、烘焙、成型，製程的這三個重點決定茶的種類及口味。
紅茶幾乎全發酵，但卻屬輕烘焙；鐵觀音是半發酵，重烘焙。
而揉捻茶型為條型或球型多少會影響口味，條型茶多輕香、高雅，
球型茶因為團揉口味香濃、內斂。
不過，南部擅球型、北部擅條型，這多半是習慣問題。

　　半發酵茶的採摘和製造，自古就另成系統。喜愛的人，在不發酵和全發酵之間，追尋其芳華成熟，風韻流轉的一刻，細心謹慎的呵護、孕育、烘托其全面綻放的香氣和滋味。在滿臉風霜的老茶師手中，那是傳承久遠的手藝；在現代茶科學的追蹤探索之下，製程的變化和控制，使我們得以窺見茶菁幻化，和烏龍成型的機制。

　　有趣的是，這機制既不為科學而科學，也非為藝術而藝術。首先，天候側身其間，陽光的照射、雲霧的遮掩、氣溫的冷暖、風向的變化，都涉足在內；地勢的高低、製茶廠間的寬窄、建材的粗細、空氣的流通，也都有關；甚至資金的有無、產銷的通路、市場的興衰、流行的品味，和評審的功力，都在烏龍的誕生當中，發生種種影響。而我們甚至還沒有提到茶園的管理，施肥用藥、除草剪枝呢；我們也還沒有提到茶工的教育訓練和技術養成。烏龍茶，和各種製成品一樣，總是在人工和原料的互動中形成，也總是在雙方尚未接觸之際，就已經被天、地、人，各形各色的喧囂所包圍了。

●機械採茶一小時可採五百到一千二百斤的高效率，讓採工得以專心採集品質最高的午菁，確保茶葉的高級頻率，相對於手採作業，其實更為順天應「茶」。

　　既然這是萬物生成所免不了的考慮，我們且放下它們，單純地來檢視一下，由採摘茶菁、日光萎凋、攪拌靜置、炒菁、揉捻、乾燥所構成的，毛茶生產的基本製程吧。

採摘茶菁

　　半發酵茶的烏龍茶，和不發酵的綠茶，以及全發酵的紅茶不同。後兩者講究的是嫩芽，但烏龍卻要求有相當成熟度的菁葉。半發酵茶的風味，決定於茶菁有豐富的內含物質，經過發酵轉化之後，形成多樣的高香成份，這都不是幼嫩的茶芽足以提供的。

　　隨著茶葉的成熟，其中所含的類胡蘿蔔素、葉綠素、大型澱粉粒、醣，和全果膠增加，這些都是促使烏龍茶香高味醇的物質。而澀感較強的酯型兒茶素隨著新芽增長而減少；澀感較弱的非酯型兒茶素反而增加，都有助於形成烏龍茶特殊的風味。就烏龍茶的採摘而言，適當的成熟葉，是潛力最豐沛的材料。

茶菁採摘的標準，適如茶業改良場的操典所說，「茶芽伸長至頂芽開面一、二日後，其第二、三葉尚未硬化時，採取一心二葉的對口茶芽最為理想而符合標準採摘。一般以對口芽達百分之七十左右時採摘為適期。」（目前已修正為對口芽達百分之五十為適摘期）

茶葉的生長，有一輪一輪的「生長序」，大約五、六片新葉長出之後，最頂端的茶芽上面會形成「駐芽」，表示這一輪生長序已經結束。所謂的開面，指的是駐芽頂部第一葉與第二葉的大小比例。第一葉為第二葉的二分之一，稱為小開面；三分之二者是中開面，幾乎一樣大的是大開面。大開面的第一葉成熟，和第二葉形成「對口」，稱為對口芽。對口芽形成，茶菁的成熟度就夠了。是完熟葉。

對口芽的有無，即使消費者也能鑑定的，就把壺裡泡開的茶葉拿出來看看吧，看它們開面了嗎，對口了嗎，有沒有駐芽的小點。如今很難說了。遠的不說，幾十年來過度的「肥培」，使得茶芽竄心徒長，生長序早都亂了。而之前的茶山風光，採茶的是小姑娘，採的是成熟對口的芽葉；如今小姑娘老了，成了歐巴桑，又成了老阿婆，她們採的茶菁，卻是愈─來─愈─幼齒。

暫且擱下這「伐害幼苗」的罪行不說，再看採茶的時機。一日之間，在上午十點前採的是「早菁」，露水未乾，芽葉含水量高；午後三

●高山茶區經常冒雨採收，由於含水量高，很難形成甘醇的滋味和香氣。

時起的「晚菁」，根部的水分重新上湧，如果在高山茶區，雲霧又早已昇起，葉片含水量也高。這樣的茶菁，內含物質被過量的水分稀釋，很難形成高揚的香氣和甘醇的滋味，有的只是難以消除、又苦又澀的「臭菁味」罷了。

所以說，早晚菁都不夠好，下雨天當然也不適當。但是那最令人盼望的「午菁」，代價卻愈來愈昂貴。在人工愈來愈緊張的現代茶區，採茶歐巴桑和採茶阿婆的時間要先預約的，可是誰能預約好天氣呢？就算輪到你時天氣和暖，雲淡風輕，你能請她們只從上午十點採到下午三點嗎？如果是論斤計酬，她們天還沒亮一直採到日落西山，拼命趕業績；如果你按日計酬，那麼等於一天付兩天的工繳，你吞得下那麼貴的成本嗎？

嫩採是為了作型，不分早晚晴雨是為了成本，很少人再理會茶改場的操典，和專業上的倫理了。從嫩採，和早菁、晚菁、雨菁的選用，目前台灣烏龍茶，早已往苦澀的沈淪，一步一步地掉下去。

日光萎凋

製茶的第二個步驟「日光萎凋」，是承先啟後的重要關鍵。也就是將採回的茶菁，攤在陽光下晾曬，使葉內的水分發散的意思，是一種物理性的「走水」過程，以使一些低沸點，具菁臭氣的成份逐漸發散，茶農稱之為「退菁」。而水分減少之後，細胞膜的半透性消失，各種原先分隔的成份互相滲透接觸，發酵作用開始催化，逐漸產生香氣。

日光萎凋的程度，誠如茶改場的手冊所說，「以觀察對口第

一葉光澤消失，葉面呈波浪起伏，以手觸摸有柔軟感，以鼻聞之菁味已失而有茶清為適度。」

●日光萎凋如果不足，菁味就無法消退，加上走水程度不夠，沒有辦法讓滲透和發酵完全，便容易造成茶湯香氣與滋味淡薄的通病。

這樣的描述，除非親臨現場，很難有切身的體會。茶菁在此時好像死去了，正等著下一階段的「回陽」。但是真正的難處，早在採摘茶菁時就種下病因了。偏嫩的茶芽，是經不起日曬的，一曬就「假死」，嚇得「顧菁」的師傅趕快收攤。於是苦澀的低沸點菁味消退不足，走水程度不夠，難以催動滲透與發酵，形成當今烏龍茶菁臭味猶存，香氣和滋味淡薄的通病。

而目前當紅的高山茶區，午後容易起霧日照不足，萎凋難以進行，更是種下它輸在起跑點上的病因。為了改善天候善變的影響，高山茶區多在「茶間」屋頂加蓋透明的溫室，藉暖房的效果來進行萎凋。也有些茶區，採行「熱風萎凋」，用稻穀烘乾機，設定溫度烘烤茶菁，不花人工卻也不計成本。熱風萎凋當然也同樣達到「走水」的效果，只是瓦斯爐吹出來的單純熱氣，和太陽發散出來的光與熱比較，後者總是充滿更神秘的「加持」的色彩。當今的坪林茶區，普遍採用熱風萎凋，我們很難說它的香氣和滋味不曾略遜一籌。

●較具規模的茶廠，在萎凋場都架有遮蔭網，以解決偏嫩茶菁易假死的狀況。

總而言之，偏嫩的茶芽，應該以「兩曬兩晾」，或架設遮蔭網，來修正它易於「假死」的

現象，而萎凋程度足夠，才能去蕪存菁，確保下一階段的發酵能有效進行。

靜置與攪拌

　　茶菁成功轉化為高香的烏龍，前段製程的奧祕，在於使茶葉均勻而適度的失水。萎凋之後，將茶菁迅速移入室內，攤放在笳籬上靜置，每隔一段時間又加以翻動攪拌。在靜置的失水過程中，水分大量透過葉背的氣孔和葉緣氣孔發散，「膨壓」減小而變得萎軟，此時加以攪動，促使枝梗和葉脈中的水分流動，葉面因膨壓增大而「回陽」，再度緩慢地發散。這種動與靜的交替，目的就在使藏於枝梗、葉脈和葉片間的水分，充分流動，均勻地發散。

●萎凋之後，將茶菁移入室內靜置，讓水分繼續發散。

●每隔一段時間，要翻動攪拌一下靜置的茶菁，促使枝梗與葉脈中的水分平均分布。

　　研究認為，枝梗所含的，澀感較弱的非酯型兒茶素，是葉面的兩倍；而澀感較強的酯型兒茶素，卻只有一半。適度的攪拌，使枝梗中的「骨水」均勻流布葉面，除了易於發散水分，

也在於使含高香成份的物質易於釋出，增大其反應界面，有助發酵轉化。

　　靜置的時間一般視氣候狀況、茶菁含水量多寡、工廠空氣流通狀況及攤菁厚薄由製茶師傅來判斷，通常從一百二十分鐘至一百八十分鐘不等，但目前一般製茶的靜置時間大致都在九十分鐘到一百二十分鐘，一般來說走水不足。

　　而攪拌的力道必須按照茶菁老嫩，適度控制。過輕則不能促進水分的流布，過重則破壞葉脈，使得「水道」受阻，枝梗的水分無法流出，形成「積水」，導致成品的茶湯色混濁不清，香氣淡薄，滋味苦澀。

大浪與堆菁

　　大浪：茶菁從萎凋到靜置攪拌的過程，應已失去適量的水分，而細胞壁半透性的消失，使內含物質滲透轉化，事實上已經啟動了發酵的作用。到了此際，製程的方向轉變，應該保留剩餘的水分，以便存有足夠的內含物質，進行充分地發酵。

　　攪拌的動作，在台灣茶山，俗稱「浪菁」，而這最後一次攪拌，意在「保水」，而非「走水」的浪菁，下手必須來得特別重，要動用到「浪菁機」，俗稱「大浪」，浪到大量破壞葉脈，使水分無法再流失，並

●使用浪菁機進行大浪的作業，破壞葉脈和葉緣細胞，讓水分無法再流失。

●綠葉紅鑲邊，俗稱「鬮雞尾」。

●作菁完成，等待殺菁的茶葉。

使原先已分布在葉片的內含物質大量滲出表面。

大浪之後的茶菁，香氣濃厚，手握有滑粉感。葉緣的部分在攪拌與大浪之下，受到的破壞最大，其中的多酚類氧化程度最重，累積了較多的氧化物，會顯出紅邊的特徵。對幼嫩茶菁原料而言，葉緣的鋸齒要形成「紅齒」，而成熟的對口芽葉，則要有「綠葉紅鑲邊」的現象。古典的烏龍茶製法，到了這段製程，講究的是「三紅七綠」，才算達到初期發酵完成的階段。

這樣的紅齒或紅邊，是消費者可以自行觀察的，但可惜這種現象已愈來愈難看到了。目前採摘的嫩芽，和逐漸綠茶化的評審誤導以及市場口味，導致萎凋、靜置、攪拌的程度嚴重不足，檢視泡開的茶芽，都只有輕度發酵，和不發酵的綠茶，差別已是愈來愈小。

堆菁：這種低度發酵的作法，在最後一個堆菁的階段，也非常明顯。大浪之後，茶菁厚厚地堆在筊籬裡，形成較溫暖，更適於發酵作用的狀態。按正常的作業程序，此時都已經是深夜了。辛苦的做茶師傅，理應歇歇，好好睡一覺，讓茶菁充分地發酵四至八小時，甚至到十二個小時；靜置發酵時間的長短，必須具體掌握當時的天候狀況，天冷時長些、攤菁厚些，天熱

時短、攤菁薄些，以便形成豐富的香氣。但是到茶山走走，卻發現大家不這樣安心的等待了。他們等不到兩小時，便急吼吼地殺菁、初焙，通宵趕工，為的是讓工資最昂貴的揉茶師傅，隔天一早來到茶間，就能立刻上工。

如今的評審大官和市場，包括講究玄祕奧妙的茶藝大師，太喜歡外型緊結如珠的「觀賞用」茶了。烏龍發不發酵不要緊，要緊的是外型美觀，粒粒如豆。在整個製程當中，要把成敗重任交託給揉茶球的師傅。好看的茶就是好茶。

殺菁

於是，堆菁發酵才過不久，就忙不迭地炒菁、殺菁了。殺菁，就是以高溫破壞酵素的作用，停止發酵，發散水分，確保品質的意思。在殺菁的製程中，也產生相當程度的熱化學作用，有助於形成烏龍茶特有的香氣。就技術的觀點而言，殺菁必須炒到菁味消退，茶香浮現為度，手握大力搓揉，茶菁不再出水為止。

殺菁的另一個重點，是為後段的揉捻做型打基礎。而這是講究外型的當今風氣最看重的地方。殺菁是製茶過程中最絕對的關鍵，從日光萎凋到堆菁是做菁，前面做得再好，如果後來炒菁沒做好，炒焦或炒菁不足，都會

●炒菁機作業。殺菁必須炒到菁味消退、茶香浮現，用手大力搓揉，茶菁不會再出水為止。

讓做菁階段前功盡棄。

　　炒菁適度，才能讓低沸點的芳香物質在炒菁過程發散掉，去蕪存菁，留下真正的香氣。

　　炒菁是鍋底溫度以一百六十度炒五至八分鐘，還要看實際狀況，甚至有時候會炒到十幾分鐘不等，讓茶菁炒熟。這樣才能徹底破壞茶葉裡的酵素，阻止茶葉裡的酶繼續作用。如果沒炒熟，保存不易，成品易變質，茶湯也可能混濁、湯色偏紅，苦澀味重，香氣混濁。

　　茶山做茶，此時最怕的是炒得過熟，茶菁乾裂，不易揉捻。於是犯了炒不熟的通病，使得香氣無法形成，苦澀味去不盡，茶湯混濁，成品難以久存。過了殺菁階段，條型的包種茶，只要再經過乾燥，就完成毛茶的製程了。但是對需要揉捻做型的烏龍而言，還有一天的苦工要做。

揉捻、初乾、團揉

　　炒熟的葉稱炒菁葉，放到揉捻機裡揉捻，藉助機器的壓力破壞茶芽葉細胞，以利後續做型工序進行，揉捻不足，茶容易碎

●以揉捻機搓揉炒菁葉，破壞芽葉組織，以利於成型。

裂外觀不好。如果是條型茶，就已完成外型。

　　經過揉捻的茶，叫「茶糅」（註＊），要讓茶糅裡的水份再發散掉一部份，稱為初乾或走水焙、走水糅。如果做成包種茶，直接焙乾就已經是毛茶了。如果

●團揉、解塊，全是為了做型。在注重外型緊結如珠的比賽茶中，這個階段更是需要格外費心。

●球形茶團揉的時間若長，香氣較內斂，但滋味更加雋永。

是要做成球型或半球型茶，就只能讓水份發散掉一部分，不能全部焙乾，以利後續團揉工序進行。

　　球型或半球型茶，茶葉經走水焙後必須再經過覆炒，讓茶膠受熱變軟，以利用布包揉，確保團揉時，茶葉不會碎裂，容易成型。團揉其實就是整型，把茶變成球型或半球，通常這裡所費的工夫最多。團揉的時間若長，因為久悶，且更徹底破壞茶細胞，香氣會比較內斂，雖然香氣有所損失，但茶的滋味會更增加。條型茶則反之，香氣撲鼻，但滋味便顯不足。所以愛喝

香者，建議品嘗條型的包種茶，著重茶湯滋味者，經過適當發酵的球型半球型烏龍、鐵觀音，是較佳的選擇。

乾燥烘存

●製成毛茶的最後一道工序——乾燥，要讓茶葉中的水分含量低於百分之五。

這是製成毛茶的最後一道工序。利用乾燥機熱能，使已成型的茶，把水份焙乾到百分之五以下，即所謂的粗製茶。

對條型包種茶而言，要能輕易將枝梗折斷，而烏龍茶球，能以兩指搓成粉末，才算達到乾燥的程度。

通常茶行向茶農買茶，就是買完成到這個階段的茶，茶行還必須再經過精製才能再賣給消費者。不過現在有很多消費者直接買到的都是這種茶，其實都只是半成品而已。

●揀枝作業。對於比賽茶來說，更要仔細挑選出黃片、老葉和葉末。

揀枝、烘焙、拼配

茶行後段的精製工夫包括揀枝、烘焙與拼配。揀枝的目的，在除去枝梗老蒂、黃片及夾雜物，揀枝因會和空氣再度接觸，難免吸收空氣中的水份，必須再度進行覆火烘焙，使茶葉水份變少，好的烘焙，甚至可以改變

茶的風味，最後才是完全的製成品。

此外，有經驗的茶行，懂得選擇毛茶拼配出獨屬於自己的口味，拼配可以使品牌茶葉品質穩定，並創出自己的品牌，目前世界上大部分重要茶商的紅茶，都屬拼配出來的口味。

烏龍與黑蛇

半發酵烏龍茶的製程，是一道經過科學肯定的傳統技藝。然而茶菁與茶師傅的互動，卻不是一直那麼清純動人。二十年來，台灣比賽茶的興起，和講究外型的風氣，使得茶菁愈採愈嫩，萎凋、發酵、殺菁愈來愈不足。漸漸地，香氣與滋味變得愈來愈淡薄，而不經泡且易流於苦澀的現象，卻愈來愈多。苦澀的茶湯，較刺激胃部，原本芳香甘醇的烏龍，喝下去卻好像吞了一條有毒的黑蛇。發酵不足的嫩芽，留下那麼多苦澀的酯型兒茶素，而茶商卻為了追求大量的消費，誘導消費者在沖泡時大量投葉，難怪一般人漸漸覺得烏龍消受不起。

事實上，中國式的綠茶，採的是嫩芽，又不經發酵，喝的時候，是小量投葉，大量沖水的。然而台灣的烏龍茶，在製作觀念上，流於綠茶化，卻保留下大量投葉，小量沖水的飲法，能不傷胃者幾稀。而半發酵茶特殊的風味，隨著採製觀念的改變而流失，我們真將看到烏龍變成黑蛇了。

（註＊茶葉在製造前段未經殺菁揉捻時通稱茶菁，經殺菁揉捻後尚未完全製好，含水量仍高時稱為「茶膘」。）

第二章

高山的困惑

那些種茶、製茶、賣茶的，把一條烏龍嚴嚴整整地裹起來，籠罩在神祕、玄妙、難解之中。「福爾摩沙烏龍茶」，曾令世人迷戀，如今倒教我們自己迷惑不已。 這一條百年烏龍，已到了加以解放，還其本來面目的時候了！

1. 高山的困惑

溫差大又高濕度的高山地區，午後就開始起霧，
進行日光萎凋常感困難，
萎凋不夠，對於像烏龍那樣的半發酵茶，是致命的殺手。

　　天送伯退休了。他說，看了會怕，不敢再開了。因為隔壁莊的寬仔，一部箱仔車載滿九個人，才爬到半山，就滾下溪底，沒有人活著回來。山頂上雇工的茶園，不但等不到人手，還要給死者每人二十萬的慰問金。那是九二一過後不久，上山，上高山，採高山茶的故事。

　　台灣業界所謂的高山，從一千公尺起算，一直往上種茶，種到兩千六百公尺高。吳家的茶園海拔一千八百公尺，約有六甲地種了六萬多株茶樹。從梨山走產業道路進去，走到沒有路了還要坐兩段纜車，人和貨都一樣。那麼高又那麼偏遠，當然要

●高山茶區的陡坡，全賴人工手採作業。

能賣個好價錢才值得。一點都不錯，吳家的高山烏龍，在梨山沿線的特產店都買得到，頂級品一斤在六千元到八千元之間。

平常日子，茶園裡沒幾個人，做的不外是除草、下肥、施藥的農事。並不忙，有足夠的空檔可以「抓蝨母相咬」。採收季節就不一樣了。採茶工要三十餘人，做茶師傅十幾名，大家住在茶園的「寮子」裡，包吃包住，至少忙上一個禮拜。

他們可都是大老遠來的，因為採茶季和梨子園、蘋果園的作業高峰期重疊，何況梨山當地也沒有熟手，吳家兄弟必須到南投和龍潭的茶區招工。一路從埔里、霧社、合歡山，沿花蓮支線上梨山；另一路走龍潭、桃園、復興，從宜蘭支線進駐。兄弟倆都是飆車手，滿載一車的「歐巴桑」，單程一百八十公里的山路，才四個多小時，天剛黑就趕回來了。

採茶工按件計酬，一小時可採三到五斤。高山茶區「葉芽」較重，一天下來可採個五十至六十斤；採工的計價也較貴，平地一斤三十元，到山頂上就要五十元。剛到茶園的那一夜，吃過大鍋菜，歐巴桑們早早就歇了。雖然高山上空氣清新，充滿怡人心神的芬多精，但大家睡得並不安穩。這一趟要離家一星期，工資又好，人人磨刀霍霍，天才微亮，寮子裡一陣響動，都起床了。

大家全付裝束，裹得嚴嚴整整，戴上斗笠，揹起竹簍，頭尾相隨地踏著「朝露」向茶園走，採「早茶」去了。早茶很好，對按件計酬的採工來說，特別好。因為葉片含露，斤頭較足，日頭未起，工作輕鬆。不過對飲茶的消費者來說就不好了。早茶和晚茶都有香氣不足，滋味薄弱的缺憾。採茶最好的時機約在上午十點到下午三點之間，日照足，葉片乾爽，集菁之後還

有時間進行日光萎凋。

吳氏兄弟都起來了，家裡的女人也已經在廚房裡打點白天的伙食。兄弟倆站在寮子門口，卻沒有說什麼。他們都知道早茶比較失色，可是面對爭分奪秒，按斤兩計工價的歐巴桑，你好意思教她們在樹下納涼，等日頭高起才進場嗎。真的這樣要求她們，下一季恐怕就沒有工可招了。

茶菁收集好，做茶師傅也已就位。他們也是按件計酬，做成一斤毛茶，工價三百元，是平地的三倍。毛茶的製作日以繼夜，不但要一口氣完成，還要和老天搶時間。

溫差大又高濕度的高山地區，午後就開始起霧，進行日光萎凋常感困難。萎凋不夠，對於像烏龍那樣的半發酵茶，是致命的殺手。因為茶葉的香氣不易形成，滋味也較不甘醇，甚至帶有綠茶般的菁臭味。

一般而言，高山茶雖然受到茶藝界的推崇，但是對生產者而言，它的「高級頻率」──製成頂級好茶的機率──其實並不大。就茶樹栽培來看，高山地區如果日照充足，降雨量平均，更擁有日夜溫差大的優點。茶園多是從舊有的林班地、竹林地開墾而來，地力豐沛，含有大量有機質，適合茶樹發育。但是有一好無二好，午後經常起霧的現象，譬如杉林溪和阿里山一帶，就影響了後製作的成功率。吳氏兄弟也曾經在集菁後，靠著他們開快車的本事，立刻往山下送，奇怪的是茶菁一送下山，就水土不服。冥冥中，茶葉好像註定要現地現做，才能成事。這一來，頂級好茶，只能祈求於頂級的好天氣了。

高山上種茶、製茶，靠的是高人工成本。採工和做茶師傅要專車接送，包吃包住，工價還要比平地高幾成到幾倍，圖的是消費者口中講的，虛無飄緲，飲下之後，香味直衝腦門的「高

山氣」。它的環境和人為條件都很嚴苛，價錢當然珍貴。其珍貴的程度，「天送伯」最清楚，因為他以前也開著客貨兩用車，往來茶山，接送茶工，運補器材。而且「寬仔」車上那九條人命，活著時他都載過。

●合歡溪畔的茶園，位於標高至少一千五百公尺以上的梨山茶區。

　　其實，貴得「要命」的，又何只高山茶。那些超限耕作的梨子園和蘋果園，數十年來大量施肥，早已要走了中橫沿線幾座水庫的命。不但淤積，水質又嚴重優氧化，不能喝也不能用。高冷蔬菜的甘甜，同樣也向我們索取難以計價的社會成本。陡坡上的高麗菜園，必須在春雨時節翻土，翻得既鬆又軟，正好任由雨水帶進圳溝。高麗菜種下、成長、第一次採收，消費者吃得胸懷大暢。接著是第二次翻土，時序正好在颱風季節。暴雨夾泥水滾滾而下，勢如奔馬，一路刮削直下山腳，湍急之勢可比排山倒海的濁流。到了那裡，就有個如今最家喻戶曉的名字，我們叫它「土—石—流」。

　　九二一之後，吳氏兄弟車子開得慢多了。那一條一條蜿蜒深入的產業道路，感覺上彷彿也不再像從前那樣，純然造福鄉祉。兩兄弟想起在農校讀書時，幾位思慮周密的老師偶爾提起的，苦口婆心的話。產業道路一開，怪手隨後而來。那怪手往土裡挖一鏟，抵得上老農半天的工，建設有多快，破壞就有多快。這一代人錢能多賺多少，下一代就要付出多少倍的代價。高山上無一不美，只是誰付得起那樣的代價。那「高山氣」，真是既虛無飄緲，又令人困惑啊！

2. 都是外型惹的禍

採集炒菁不足的茶菁較易成型，為了符合比賽茶重視外型的要求，
賠上的，是烏龍茶真正的底蘊和香味。
飲者聞香品味，才是正經的享受，茶之為道，這才是一條正路。

　　談起烏龍茶的外型和內涵，並不是截然唯物和唯心的二分，
但也難以兩面討好，而不偏廢。畢竟茶最終是拿來喝的，就像
房子是蓋來住人那樣。就有那麼一位建築界的大師，在南台灣
規劃一片校園，其中的教師宿舍，為了遷就外型設計，只留一
個無法使用的冷氣孔。在北回歸線以南的燠熱季節，沒有裝冷
氣的房子，或許只能遠遠地觀賞吧。建築界常說，「形隨功
能」（form follows function）就是優先照顧機能需要的意思；茶
之為物，不也是這樣嗎？你要觀賞揉成焦黑一球的樹葉子，請
你自己去野地裡摘吧。茶是要喝的。

　　可惜這些話只能說說而已，那些左右台茶市場的比賽評審大

●外型緊結的茶
乾——頗適於觀
賞，但香氣呢？
茶之為道，香與
味才是一條正
路。

官，和茶藝館的住持道姑，以及人云亦云的茶行老闆，夥同眾口鑠金的流行風尚，都是如此。舉凡條型、半球型和球型茶，都已失卻本來面目，連帶地也流失半發酵茶的風味。

●包揉做成的茶球。

先從條型的包種茶看起。條型茶的外型，講究「條索緊結」。就其最大宗產地「坪林」來說，已可發現有「嫩採」的現象，為的是嫩葉較柔軟，易於成型，為此茶農還以「嫩才有底」，把苦澀當重味來哄騙自己。

其次則是普遍炒菁不足的現象，茶農唯恐炒得足火，條索較鬆散；如果炒得輕些，茶條看起來較烏潤緊結。然而卻因此付出不耐存放的代價。殺菁不足使酵素依然活絡，會繼續變化，市場上當然風傳，包種茶不耐久存。

再看最當紅的半球型烏龍茶。自從比賽茶評審對外型「加重計分」以來，半球型烏龍茶，就朝著「向下沈淪」的方向直直落下去。茶園的海拔愈來愈高、茶葉愈採愈嫩、製程愈來愈短、發酵愈來愈不足，這一切，只為了做型，把半球型做成球型，粒粒如珠，適於賞玩，卻不適於入口落胃。

嫩葉連枝梗都柔軟，明顯地適合揉捻成型。但是嫩葉的芳香成份尚未形成，內含大量使茶湯苦澀傷胃的酯型兒茶素。茶樹經年累月受嫩採的伐害，樹勢快速衰退老化，產量少生命短，茶農只好大量施肥施藥，結果是對土地、環境、茶樹，和消費者的健康全面造成傷害。為了做成緊結的球型，烏龍茶的製程也受到嚴重的扭曲。

前段的工序：萎凋、靜置和攪拌、大浪以及堆菁，是最重要

的走水和發酵過程，需要花很長的時間慢慢醞釀，但如今都把重點放在隔日的揉捻作型上面。作型需要最多、最昂貴的人工成本，為了讓做型師傅一早就開工，無論茶菁是否下午才採收，也不管山區是不是起霧、萎凋是否不足，茶農就是一路地趕，連夜殺菁。這般捨本逐末，烏龍茶便虛有其表了。全台的烏龍茶區，從名間、凍頂，到所有新興高山茶區，對於追求外

●不在意外型的閩南安溪，近年也開始流行起布球團揉。

●緊結如豆的球型茶乾。為了易於做型，茶界偏向嫩採，衍生出了今日烏龍的種種弊病。

型的風尚，多年來早已風行草偃。如今想喝成熟的對口芽，經適度發酵製成的半球型烏龍茶，已逐漸不可得了。

●採摘成熟對口的芽葉，是避免烏龍向下沉淪的第一步。

即使自始即做成緊結球型的鐵觀音，也受到潮流的牽引。早年的鐵觀音，製程繁複，需要三天才能做成毛茶。但目前木柵茶區，也有明顯嫩採和發酵不足的現象，茶菁成熟度不足，造成特殊品種香，所謂的「觀音韻」無法形成，茶農光在後段焙火的製程下功夫，徒然突顯火味而已。

真正不為外型所苦的烏龍茶，只剩白毫烏龍了。這位「東方美人」，之所以不隨波逐流，緣於它本來就是只採一心一葉的芽茶。白毫烏龍的嫩芽，受到「小綠葉蟬」，俗稱「浮塵子」的伐害，茶芽卷曲而停止生長，經過較高程度的發酵之後，呈現獨特如蜂蜜般甘甜的滋味。英國女王用玻璃杯沖泡，看嫩葉在滾水中舒展舞動，宛如翩然起舞的東方美人。白毫的外型幸而都還保留，但受評審的影響，內涵亦多少失去，落個「半頭青」的諷示。只是它的價格，依然不是凡夫俗子如你我者，所敢想望的了。

總而言之，茶是應該做得「形隨功能」才對吧。烏龍茶的沖泡，大多用小壺或小蓋杯，滾水沖下，等到掀開蓋子，外型早已煙消雲散。飲者聞香品味，才是正經的享受。茶之為道，這才是一條正路。

3. 不世出的茶王

辦一場比賽，

多下的茶樣，主辦單位可賣個數百萬大洋。

但參賽茶，若僅只能得個「優良」，

茶農的心血付諸東流，更可能血本無歸……

　　政治學大師薩孟武，在《從西遊記看中國古代政治》一書
裡，戲謔地指出，天庭的農業生產力是很低的。王母娘娘的蟠
桃園，要三千年、六千年、九千年才得一熟。即使吃了壽與天
齊，可惜命短一點的，等都等不到。

　　一九九九年秋天，台灣茶的老祖宗，福建安溪，在香港舉辦
鐵觀音茶王大賽。得獎的茶王，總共才生產一台斤，淨重五百
公克。拍賣時得價每一百公克十一萬港幣。換成台幣來算，大
約是一市斤合兩百五十萬台幣。這不世出的，珍貴不下於蟠桃
的一市斤，誰要能喝得到，恐怕命要好，而且不是普通的好，
才有那樣的福氣。

　　台灣向稱寶島，農業生產力和農產改良的手段，都是王母娘
娘望塵莫及的。雖然沒有蟠桃和茶王，那無時無刻比來比去的
比賽茶行情，卻是大家都耳熟能詳的。凡是比賽，難免輸贏，
箇中的辛酸、樂趣、盈虧，自有不足為外人道之處。

　　台灣各茶產區，舉凡生產班、生產合作社、專業社區、農
會、公所，各級大小單位都熱愛主辦比賽。得獎者身價大漲，
行情居高不下；茶農和茶商勇於參賽，樂此不疲。坊間的消費
能力早已隨著經濟發展同步起飛，試想一個靠「起販厝」而暴

得大富者，除了配有吐檳榔汁專用痰盂的雙B名車，和沾有檳榔汁的紅蟳金錶之外，在他透天厝的一樓客廳，那塊紅豆杉打磨光亮的老人茶桌上，能不擺幾罐來自凍頂或高山的，特等獎比賽茶嗎？

比賽的樂趣，看來是夠明顯了，那麼，其中的盈虧和辛酸呢？

參加一場比賽，茶農共需交出二十一斤茶。為了刻意精製，要從毛茶當中，格外仔細地挑出黃片、老葉和茶末。再加上焙火

●比賽茶評審時的現場擺設，評審時用標準杯，一泡三公克。

的失重，得準備三十斤毛茶才夠用。送交主辦單位的茶葉，其中二十斤分別包好，倘若得獎，由主辦單位裝入特別製作的茶罐，貼上名次標籤，當場封罐拍賣，或交回茶農自行銷售。

餘下的一斤，分成兩百公克的茶樣三包，其中一包和包好的二十斤放在一起，作為展售時，消費者試飲之用。另外兩包共四百公克，是為評審樣，評審時用標準杯，一泡三公克。即使過關斬將，一路升級，到頂最多用掉三十公克，剩下的半斤多，主辦單位就笑納了。那些參賽的茶，少說也要千把塊一斤。大型一點的比賽，譬如說，鹿谷鄉吧，參賽的茶多達四千至五千點，一點代表一參賽者，用剩的評審樣，將近兩三千斤，可賣數百萬大洋。你說，哪個單位不喜歡辦比賽呢？

至於茶農，夠份量下場一比的毛茶，至少一千元一斤。先準備三十斤毛茶，花三千元請幾位歐巴桑揀枝，再花一千五百元報名，最後剩二十斤可賣，一斤的成本已升高到

●品味茶湯後，發言講評，評定優缺所在。比賽茶的評審拿起湯匙試飲茶湯，品味其香氣與茶湯滋味。

一千七百二十五元。但是得獎的名額有限，各獎次也有固定的市場行情。倘若得個「三等」，行情兩千元，還不算作白工。若只是「優良」，行情一千六百台幣，就賠本了。至於眾多「摃龜」者，實在不忍心再論。

這固定的行情，市場上早已透明化，使得茶商興趣缺缺，因為他往上加些利頭的空間不大。除非是「特等」，那才有點暗盤可以操作。特等獎「內線」行情，從一萬到三萬不等，不過在媒體面前公開拍賣時，價錢可以炒高到一、兩百萬。茶農和廠商都有利可圖，自然樂於聯手操作。

有強烈企圖心的台灣商人要加油了。海峽對岸經濟也在起飛。幾年前勞斯萊斯在汕頭市舉辦車展，一天內賣出六部「銀魄」。如今一台斤兩百五十萬元的茶王已經誕生，凡我大頭病的同胞，能不戮力以赴，迎頭趕上乎。

●當前台灣最流行的原木茶桌，樣式或許古意，茶葉的內涵卻未必同樣細緻。

4. 比賽茶的裁判、選手和作品

春茶和冬茶產季，每鄉每鎮到處都在比賽，
但欠的是，培養茶葉評鑑人才的計畫，
和有公信力的評審單位，穩定的評審制度，
台灣茶的口味才不會見風轉舵。

　　吳振鐸先生，人稱戰後台茶之父，一九四八年六月起，任
「台灣省農業試驗所，平鎮茶業試驗分所」所長。一九六八年
五月，茶試所改組為「台灣省茶業改良場」，吳振鐸為第一任
場長，一直作到一九八一年五月退休。一般人對他很陌生，但
提起他一手育種成功的「金萱」和「翠玉」，就無人不知了。

　　吳振鐸任內為了培養評茶師，一九八○年代初期舉辦過八次
「茶葉品質官能鑑定」考試，共有
四百多人次參加，二十二人通過，
其中有青年茶農和茶商、相關科系
師生，和單純的愛茶者。一九八六
年九月七日，他又把這二十二人集
合起來，再考一次。考試分學科和
術科，學科考專業知識，術科則非
外行人能窺其堂奧。

　　他帶來十種茶樣，沖泡成二十

●吳振鐸教授任
茶改場場長時，
由於德高望重又
實力深厚，是各
茶區比賽茶評審
的首選。

杯，「考生」分兩組下場，要在二十分鐘之內，把同種茶樣沖泡出來的那兩杯，一對一對地挑出來。緊接著再來十種茶樣，也沖泡成二十杯，不但要配對，而且要按優劣排序。半天考下來，那二十二個緊張得手足無措的「門生」，只有二人及格，得到一紙「甲等官能鑑定」的證書。

以「吳老」的功力，加上他德高望重又勇於任事，擔任各茶區比賽茶的評審，受到茶農和茶商一致推崇。退休之後，由於他的「門生」都不具官方身分，或因身為「利害關係人」，很少擔任比賽評審，而交由茶改場派人擔任。

對比賽茶而言，市場當紅的中部烏龍茶區，競爭最為激烈。春茶和冬茶產季，每鄉每鎮到處都在比賽，茶改場位於楊梅埔心，往來奔波相當不便，各茶區漸漸地改請位於南投的「魚池分場」人員擔任評審。魚池分場成立於日本時代，名為「魚池紅茶試驗支所」。紅茶的等級是洋人訂下的，通行全球的標準，最講究細芽嫩葉帶毫毛，重視外型，又以收斂性口味為佳。一九八〇年代初期，魚池分場開始涉入烏龍茶的評審，隨即引入紅茶界作風。茶農參加比賽，輸贏的是鉅額

●比賽茶扦樣稱重。

的鈔票，評審愛什麼，茶山當然眾口鑠金，依樣畫葫蘆。幾年之內，烏龍茶已改頭換面，當今那種小開面，發酵不足，揉成球型，一小顆不比綠豆大的烏龍，便年年頂著「特等」的名銜，風行草偃起來。

台灣的官方或同業組織，尚無培養茶葉評鑑人才的計畫，也不曾建立有公信力的評審單位，最簡單的解決之道，就是委請茶改場的技術官僚前來評審。評審三人同行，官最大的走在最前面，一次評三十杯。雖說評審採合議制，但「官大學問大」，走前面的大官移動杯子，作出升級或淘汰的選擇，隨侍在後的兩位考官，大多很識相。就這一點而言，中國大陸的評茶制度顯得「開放、多元、民主」多了。他們也有三位考官，一次審八杯，第一位將八杯排序，後兩人如不同意，則重新審過，這稱為「協議制」。相較之下，台灣的茶農和茶商，只要認定主審者的口味，年年按圖索驥即可。如評茶者口味穩定，事情就好辦，那些全心專攻比賽茶的農家，便可長期「連莊」；若是評茶者口味不穩定，茶農便很難抓到重點了。

茶農是參賽的一方，為了爭奪龐大的利益，處心積慮各出奇招。專攻比賽茶的人家，一心一意只採「午菁」，精挑細撿，務必取勝。遇到評審口味不確定時，更採用「翹翹板」理論，同時取兩點參賽，不論那頭翹起來，他都能得獎。也有各種朦混過關的現象，譬如說拿低價區的茶參賽，只要入圍得個「優良」，他就賺到了。如今競爭日趨白熱化，「朦混」之事則反其道而行，譬如凍頂山海拔才七百公尺，商家便買入高山茶與賽。雖然成本昂貴，評審一旦不察，頒個頭等，甚至特等獎給他，一樣大有利頭。另有一套本小利多的手段，便是以秋茶頂

替冬茶。秋茶和冬茶產季界線不明顯，但行情只有冬茶的一半，入圍就賺。這是冬茶的評審壓力最大的所在，功力不夠的官員，無法辨別那一股虛無飄緲的「冬仔氣」，茶區市街上就有人掩嘴偷笑了。

比賽茶從日本時代開始由來已久，論及功過，實在和時代風氣息息相關。一九八〇年代以來，台灣泡沫經濟興起，市場一窩蜂追求高價與名牌，茶業界亦不能免，導致比賽茶充滿似是而非的論調。商業掛帥的茶藝界，爭奇鬥艷兼裝腔作勢，志在推廣消費，對於品茶之道的提倡，實在沒有太大的貢獻。唯今之計，應建立健全的評茶制度，培養具公信力的評茶師，並推廣多元開放的茶文化，才能令台茶百花齊放，欣欣向榮。

●比賽茶的評判標準，牽動著茶農製茶的方向，建立一套健全的評茶制度、培養具公信力的評茶師，是當前台茶的重要課題。

●得獎的茶，由主辦單位監督裝入特別製作的茶罐，貼上名次，封罐拍賣。

5. 賣茶計，豈只三十六招

真正的試茶，一次投葉才三公克，
沖水一百五十C.C.，浸泡長達五分鐘。
如此一來，茶葉全開，優缺點才能一覽無遺。

　　大清國愛新覺羅氏皇家子弟，溥心畬，是鼎鼎大名的畫家，收藏家都知道他的畫贗品極多。一則流傳甚廣的笑話說，即使到他家登門買畫，進了大門，坐在客廳，向他的家人子嗣購買，都還不能保證如假包換。最好是在他的畫室，由他親手交割，才令人放心。區區茶葉，當然不比國寶級名作那樣珍貴，但利之所在，弊端叢生之苦，相信眾人都有所聞。

　　朋友送來一包親自前往屏東滿州鄉買的「港口茶」，剪開真空包裝，倒出來一看，茶葉揉成球型，不像港口茶遵古泡製，「鼎趖」而成的老式半球型；再一聞，還有發酵味，也不是港口茶不發酵的本相，只有價錢，倒是港口茶的行情。細細詢問，友人停車買茶之處，還不到港口溪出海口的港口村，就像買畫的人登了溥心畬的門，卻還未入其室。那包茶或許是以便宜的夏季烏龍毛茶，炒成白霧色來混充，喝起來不壞，但不是港口茶，也不值那個錢。

　　中台灣某個山明水秀的風景區，用的是更細緻的手段。遊客駕車前往，會遇到和顏悅色的歐巴桑，站在路邊揮手攔車，遊

人飽覽沿路的山光水色，早已心情開朗，胸懷暢快，多半會停下來，好心載送一程。歐巴桑一邊千恩萬謝，一邊流利的介紹自家既養鹿、又種茶、又好客，歡迎旅人「來這坐，來奉茶」。走著走著，她家到了。然後你發現那並不是什麼殷實農戶，根本就是一家，你避之唯恐不及的特產行。

●高山環抱的茶園風光。

●無論店家如何舌燦蓮花，抓對要領的試飲才能保證茶的品質。

你又能怎麼樣呢，全家人都簇擁而出，堆著笑臉邀你坐，喝杯茶，看看這個、摸摸那個，又說如何因你的好意，一斤二千元算你一千元。你，還有你，你們脫得了身嗎？如果你好德不如好色，他們沿線還布滿了衣著入時，裝作難得回鄉，卻誤了公車的摩登小姐，甚至還有以天真未泯，學齡前的小姑娘為餌的招數。我們沒有孫悟空的法眼，多數人還不是像唐三藏那樣，心一軟，就中了妖精的計了。

所以說，市場競爭厲害，賣茶的技倆自然層出不窮，像調包、加味，以茶枝混裝，或者喊出三斤一千元正港高山茶的，都是不入流的、粗陋的騙術，早已被市場淘汰。目前獲利最令人眼紅的生意，莫過於在觀光茶區，向遊客推銷高山名茶了。事實上，台灣的高山茶區，幾乎也都成了盛名遠播的風景區，週末假日遊人如織，站在特產行林立的街道上，一眼望去，個個觀光客都像肥羊。

客人到了山上，遠看層巒疊嶂，近處盈滿茶香，又有田園風十足的鄉人殷殷款客。在料峭春寒中躲進溫暖的店裡，喝幾杯笑眼奉上的熱茶，有誰能不未飲先醉。高山茶是統一行情的，沒有議價空間。何況在那麼怡人的氣氛和陣陣的茶香裡，哪一杯喝來不是那麼芬芳甘美呢。所以你買了，那可不便宜，一斤少則六千元，多者上萬。但是你感到很「爽」，你買了。你回到家，把朋友都喊來，得意之情溢於言表，可是奇怪，茶泡起來卻沒有那麼國色天香。

為什麼會這樣？我們不妨一一道來。首先，主觀情勢變了。在高山上，你心情暢快，感性溫柔；回到市塵，面對忌妒你有錢有閒的朋友，你只好變得理性而批判。但態度和心情不是重

點，重點是客觀條件。第一是水，你家的自來水，坦白說，和T.D.S.（總溶解固體量）不到十五ppm的高山清泉沒得比。（城裡的自來水，理想上應低於五十ppm，但是你住的公寓那些年久失修的管線，和多年不清洗的水塔，會把水弄成什麼德性，在此就不打算再嚇你了。）

其次是溫度。請切記一事。高度上升氣溫就下降，每上升一百公尺，溫度降低攝氏〇‧六度。如果你前往觀光的山區，海拔有一千二百公尺，泡茶的水，才九十度就滾了。這種「低溫」泡出來的茶，香氣固然表現不全，但是苦澀味也出不來。在特產行滿室茶香的薰染之下，你只覺得清香撲鼻。回到低海拔的家裡，拿一百度的滾水泡茶，香氣更濃郁，但是，沒有人能保證沒有其它不那麼迷人的味道。

其實真正極品的高山茶，確實是人間妙品，只是你很難買得到。而且泡茶，尤其是第一泡，特別應等到沸水大滾，能掀壺蓋的程度才沖水（那時水溫才真正有一百度）。可惜目前新興高山茶區的風氣，是只論產區行情，不論個別產季和產戶品質的優劣。齊頭式的平等，保障的是茶農和茶商，消費者的權益多半要自求多福了。

除了這種高山迷情，願打願挨的狀況之外，一般人多半只在城裡向茶商店家買茶。店家在試飲的時候，慣以多「投葉量」，加上快沖快倒的方式泡茶。這種方式在短時間內就達到湯色濃度的要求，茶香溢出，而缺點尚未暴露。消費者看來，以為一定經久耐泡，其實都是超量投葉與快速沖泡造成的錯覺。真正的試茶，剛好相反的。一次投葉才三公克，沖水一百五十C.C，浸泡長達五分鐘。如此一來，茶葉全開，優缺

點才能一覽無遺。如向相熟的店家買茶，你也可以作同樣的要求，甚至等到茶湯冷卻之後再喝。

再來就是我們要不斷呼籲的，不要被美觀的外型迷惑。半球型的烏龍茶，為了易於揉捻，做成美觀的外型，茶農常採成熟度不足的嫩芽，愈昂貴的茶愈有這種傾向，往往做成綠豆大的小顆粒，真是清香有餘而甘醇不足。消費者購買時，不妨挑選大開面的茶葉，不但價廉，而且物美。

至於買茶到底上山找茶農好，還是走訪城裡的店家好，說一則美式的笑話給大家參考。話說某老美駕車到鄉間玩賞，遇農家在門口賣雞蛋，便興沖沖的停車購買。他邊挑邊向老農說，我真喜歡放在籃子裡的新鮮雞蛋，這一定是你家的雞孵出來的吧？老農很坦白地回答，不是，我從超市買回來以後，把塑膠盒拆了，蛋擺在籃子裡，專門賣給像你這種愛吃新鮮蛋的人。

●高山茶區的困難地形，不利於採茶作業。

第三章

行走茶山

在坪林，看蒼老佝僂的身影，伏在萎凋架上輕輕
翻動；或在北埔，看烈日下古稀的婆婆，一心一
意地採摘蟲蛀的細芽；或者在凍頂，看年輕的師
傅，汗水淋漓地包揉做球。

有時不免覺得，我們何其有幸，生在這人間罕有
的烏龍茶區，在廣袤的「照葉樹林帶」，全球茶
樹生長之地，我們得以享有半發酵技術所帶來，
極致的香氣和滋味。

1. 古風猶存文山包種茶
——新北市坪林區

坪林的古風每一袋茶有每一袋茶的行情，那裡是內行人的樂園，
如果你修練成「拿湯匙」的本事，歡迎光臨，定可賓主盡歡。

　　文山是古地名，文山包種茶遵古精製，外型古雅，風味古
典，坪林街上的茶買賣，古風盎然。文山茶區，自古是台灣四
大茶區之一，至今百年，依然生機旺盛，是一則活生生的傳
奇。甚至它的名稱——包種——的由來，都敷上一層朦朧神祕
的色彩。且讓我們舉幾個較為人知的例子。

包種為什麼是包種

　　早年包裝材料尚不發達，茶行用四方型的毛邊紙包茶，四兩
重一包，蓋上店家的朱印。這種包裝方式，如今在古式老茶庄
還找得到。文山區的茶種，以青心烏龍最為普遍，當地的茶農
稱它為「種仔」。用紙包裝種仔，或許就是「包種」的由來。
這是第一說。

　　另一個說法，則把緣由推回閩粵，即中國半發酵茶的發源
地。按當地茶區的習慣用語，半發酵茶通稱烏龍茶，這是以製
法來取名，另外還再以品種的不同，來突顯個別特徵。甚至將
茶樹養得十分巨大，以「單欉採製」來標榜個別品種，個別植
栽的獨特風味。像閩北武夷山茶區著名的大紅袍、鐵羅漢、
白雞冠、水金龜和水仙等品種，以及閩南的鐵觀音、毛蟹、

本山與黃棪。至於嶺南，則以大如屋宇的單欉水仙最為著名。除了這些個別打出名號的品種之外，其他雜色的茶種，都只簡稱「色種」，包括在台灣引領風騷的青心烏龍。這色種兩字，寫得潦草一些，就被誤認為「包種」，久而久之，錯的變成對的，而且流傳下來了。

　　還有一說也很近似，至少也發源於閩北武夷山。話說武夷是道教聖地，山上的修道人和練氣士，閒坐無事，常以喝茶、鬥茶取樂。他們滿山遍野尋找特異的茶種，精心栽培製作。但因為少量多樣，到了要烘焙的時候，只能混做一爐。為了分辨起見，便將不同種的茶臊用不同顏色的布包起來，同時放入焙籠裡。把不同種的茶臊分別包裝，便簡化成包種兩字。　這三種說法都有趣，都有很古的歷史，你相信哪一個呢？

內行人的樂園

　　無論如何，還有一件事你的確可以相信，那就是坪林人做茶，非常「照起工」，非常按照古法絕不偷工。舉一個實例來說，在採製季節裡，隨便挑個午後大約三、四點的時分，到坪林拜訪，任意選個正在做茶的的農舍，進去問一問。茶農會告訴你，炒鍋裡炒的茶，是昨天摘的茶菁。請注意，是「昨天」

●左圖：做成「條型」，而非團揉成半球型的外觀，是包種與烏龍最顯而易見的區別。

●右圖：茶葉製作良好，呈現綠葉紅鑲邊的包種茶。

的茶菁，經過充分萎凋、靜置，發酵程度足夠的茶菁。除了坪林之外，你到處去看，下午炒的茶，都是早上才摘的，即使外頭還在下雨，根本沒有機會進行日光萎凋，也沒有人理會。

這樣照起工的作法，台灣沒有了，只有安溪才看得到。坪林的老茶農，有很多曾於日本時代，在南港、屈尺的茶業傳習所受過訓。當時的傳習所，由安溪禮聘茶師前來指導，為期兩年的受訓期間，學生還享有公費待遇，等於接受完整的制式職校教育。文山茶能夠歷久不衰，日本當局奠下的深厚技術和倫理基礎，實在功不可沒。當年的傳習所，逐年演變，成了今天茶業改良場，他們也徵募學員去受訓，為期「兩週」。唉，兩週能幹什麼，能教原本伶牙俐齒的人物，去開個茶藝館，賣弄一些生吞活剝的術語罷了。

●包種茶紀念賞牌。文山茶區是台灣四大老茶區之一，至今無論在茶葉的製程或交易上，依然保持古風。

話說回來，所謂的文山，包括當今的坪林、石碇、深坑、烏來、新店、雙溪、平溪等地，是台灣早期四大茶區之一。茶園散處在境內的山凹裡，茶做好之後，茶農擔著到坪林街上，賣給精製茶廠和大盤茶行。茶季正當熱絡的時候，坪林街上擠滿了全台各地的茶販，堪稱北台灣最大的茶葉集散中心。坪林茶市的主角，是向茶農購買毛茶的本地茶行。他們做買賣也有古風，一板一眼的試飲，一袋一袋按品質優劣議價。他們隨身帶著試茶的湯匙，在每個鑑定杯裡攪來攪去，茶農則神態緊張地跟在一旁，等候他們的品評。於是種茶的，便帶著又愛又恨的語氣，稱這些掌握生殺大權的茶行人物為「拿湯匙的」。

這種詳細品評，個別論價的古老習慣，全台也只剩坪林還保

有了。其他的茶區，經常標榜產地的海拔與名氣，不論每季成色優劣，都堅持市場行情價；使得消費者付出同樣的代價，卻不保證拿到同樣的品質。坪林的古風不是這樣的。每一袋茶有每一袋茶的行情，只要你內行，儘管評頭論足，說得有理的話，茶行會很大方地給你相當的議價空間。那裡是內行人的樂園，如果你修練成「拿湯匙」的本事，歡迎光臨，定可賓主盡歡。

●坪林的地標，以採茶工勾勒出茶為坪林地區的代表產業。隨著休閒觀光產業的發達，假日的坪林，遊客不斷。

多珍貴茶種是一大特色

坪林有很多珍貴的茶種，除了常見的青心烏龍、青心大冇之外，還曾有武夷、奇蘭、大葉烏龍、水仙、佛手、早種、大慢種等等。多年下來，坪林人認定由青心烏龍做成的包種是最上品，稱之為「種仔旗」，講究的是它的品種香。逐漸地，其它品種都被淘汰，茶園朝向單一品種發展。

除了包種之外坪林也產白毫烏龍，用的是白毫特別顯露的「大慢種」。做出來的茶不叫椪風，而被稱為「白毛猴」或「紅茶」（註＊）；白毛猴雖是品種名，但有時也用來稱白毫烏龍茶。它的身價謙虛，不像北埔一帶，動輒上萬元一斤，坪林的白毫烏龍產量不小，靠的是便宜的老人工罷了。

全盛時期的坪林，有一千多甲的茶園，部分被劃入水源保護區之後，已有縮減。在休閒生活漸受重視以來，坪林有山有溪有茶，假日遊客不斷，本地的產能顯得供不應求。如今在坪林街上，除了包種茶，外來的凍頂茶、高山茶也都已擺上貨架。

坪林的老太太們，依然圍坐在屋簷下，戴著老花眼鏡一片一片地揀枝，活生生像凍結在時光機器裡的古老景象，很確鑿地向過往的遊客，保證包種茶清香甘美的古風。但是在流行風尚所向披靡的後現代社會裡，那美好的往日，是不是如天之行健那般可靠呢？尤其雪隧通車後，往宜蘭觀光的過路客少了，但交通上讓專程前去買茶的人更方便了，這對坪林會帶來怎樣的影響及變化？且讓我們衷心的馨香祝禱吧。

（註＊此處紅茶不是真紅茶，因為它的茶湯顏色和包種茶相比，真的很像紅茶，所以坪林茶農習慣把白毫烏龍稱為紅茶。）

新北市—文山茶區

◎ 茶區簡史　舊名文山堡是台灣最古老的四大茶區之一，盛產條型包種茶，歷經百年外銷和內銷之變遷而不衰

◎ 茶區分布　坪林、石碇為主。新店、深坑、烏來、平溪、雙溪亦有少量

◎ 地形地質　山坡地，海拔200-800m，礫質壤土

◎ 主要品種　青心烏龍、金萱、翠玉、青心大冇、武夷、奇蘭、大葉烏龍、水仙、佛手、早種、大慢種、白毛猴等。

◎ 茶作管理　有朝向以青心烏龍為主的單一品種傾向

◎ 製程特徵　人工集約管理，手採或單人式機採

◎ 產期產季　採摘不分晴雨，熱風萎凋佔很大比率；是台灣最主要的條型茶產區 四月至十一月，年收四季

◎ 商品名稱　文山包種茶、白毫烏龍等

◎ 市場行情　按季節、品種、成品優劣訂價，議價空間大。是全國唯一同一產區同一產季，差價十倍以上的茶區，為包種茶的集散重鎮

◎ 商品評介　按古法製茶，講究青心烏龍的品種香，稱之為「種仔旗」。近年來為求外型條索緊結，亦有炒菁不足的跡象，以致較難保存，應提早飲用。購買時以無菁味，花香怡人者為佳

◎ 交通狀況　茶山上無公共交通，需自行駕車，坪林食宿方便

◎ 農特產品　竹筍、溪產、柑橘

◎ 著名景點　坪林茶業博物館，烏來風景區，平溪小火車及天燈

2. 球型包種茶
——木柵鐵觀音

鐵觀音，是一種品種，也是一種製程，兩種不必兼備，
但只有真正以鐵觀音品種及鐵觀音製程製作的鐵觀音，
才有一種「觀音韻」，那是如蘭似桂的熟果香，
又帶有酸勁，很能生津解渴。

　　大部分的半發酵茶，台灣相關的「學術界」都稱它為「包種茶」，然後再以外型加以區分。所以市面上俗稱「烏龍茶」的，學界稱為「半球型包種茶」，譬如凍頂烏龍，高山烏龍。

而坊間俗稱的「包種茶」，盛產於坪林一帶舊稱「文山堡」地區的，學界則稱為「條型包種茶」。這兩者之外，還有一種半發酵茶，學界以「球型包種茶」名之，全台唯一產地在木柵，俗稱「鐵觀音」。

　　如果還沒有被這些纏夾不清的名詞搞昏的話，那麼請注意中國對這幾種茶的命名，與台灣不同。中國學術界統稱半發酵茶為「烏龍

●正欉鐵觀音的成熟葉。將鐵觀音種的茶菁，以鐵觀音特有的製程做出來的茶，稱為「正欉鐵觀音」，成緊結的球型，有十分凸顯的熟果香。

茶」，又由於他們不重外型，茶葉大都作成條狀，所以用品種作為區分的準則。如果中國人要稱呼鐵觀音，嚴謹的說法是，「鐵觀音種烏龍茶」。在中國，鐵觀音指的是茶樹品種。

慢火焙揉才能做出「觀音韻」

然而在木柵，鐵觀音既代表品種，也代表按某種特殊製程做出來的茶。為了便於市場區隔，以鐵觀音茶種，按鐵觀音製法做成的茶，被稱為「正欉鐵觀音」；至於以其它品種遵古炮製的茶，只叫「鐵觀音」。

正欉鐵觀音的售價比之一般鐵觀音要高出一倍以上，能表現出特有的品種香，茶農稱為「觀音韻」，是一種如蘭似桂的熟果香，又帶有酸勁，很能生津解渴。

鐵觀音從唐山過台灣，在兩地都充滿傳奇。按閩南安溪原產地的流傳，一說乾隆年間，因其色如鐵，種植者「魏蔭」命名為鐵觀音。一說是「王士諒」者，在南巖之下發現，受乾隆賞識，開金口命名為南巖鐵觀音。這兩則傳說都不可考，但故事在台灣這頭，就確鑿得多。兩百年前，安溪張姓人家，移入木柵樟湖山種茶，就是現在指南里貓空一帶。到了一九一九年，張家回安溪，引進鐵觀音種茶苗一千株，此事被傳為木柵正欉鐵

●農家婦女採收鐵觀音。

觀音之始。

「紅心歪尾桃鐵觀音種」茶樹，枝幹較粗硬，葉面呈波浪狀隆起。採摘當天做菁，直到夜裡或隔日才炒菁、布揉。第二天進炭火焙籠，再以布球團揉，這樣邊焙邊揉，到第三天才能做成毛茶。而所謂的觀音韻，就是靠這樣慢火慢揉做出來的。它的茶種優異，製程細緻繁複，產量又不大，價錢自然高人一等。旁人想去引種，自來都吃閉門羹，如果熬不過人情壓力，木柵人也只肯以較不那麼高貴的「梅占」充數。

就這樣，木柵的鐵觀音，在全台灣「只此一家，別無分號」。而正欉者，幾乎都悉心精製，參加一年兩季的比賽。有趣的是，台灣島上別處沒有鐵觀音，對岸的安溪，可還多得是。中國式的鐵觀音，屬新鮮生茶口味，木柵人渡海過去，或設廠或買茶，運回台灣再焙火，做成台式的造型和觀音韻十足的口味。接著填表報名參加比賽，同樣得獎，同樣賣個好價錢。或許，這樣的鐵觀音，可以再取個名字，叫它「過海正欉鐵觀音」吧。

並且現在人做鐵觀音，也不像早些年那麼細緻了，邊焙邊揉，揉上個一兩天的工夫早已成為過去式，現在標榜的鐵觀音只有在精製時焙火時間較長，溫度較高罷了，做出來的茶，只有火味，而無果酸。所以去木柵買真正的鐵觀音要碰運氣，本地產的鐵觀音泡開時一心兩葉、枝葉連理，安溪產的鐵觀音則多半是單葉。兩岸鐵

● 「 迺 妙 茶蘆」，得名自引進鐵觀音茶苗的張迺妙。

觀音的產地香也有所不同，安溪鐵觀音花果香明顯，本地產若按目前的做法，則只有一個火味了得。

「四季春」茶種的原生產地

除了正欉之外，木柵山上用來做鐵觀音茶的品種，還有青心大冇、武夷、梅占、四季春等等。然後，鼎鼎大名的「四季春」品種，則是如假包換的，從木柵誕生發源。四季春，俗稱四季仔，在木柵則被叫作「輝仔種」，因為它是在茶農「大頭輝」的園子裡發現的極早生種。別種茶還未萌芽，它已可採第一水。八〇年代中期，名間人李彩云前來引種，對輝仔種特別青睞，移到名間大量種植。四季春一年六收，早春晚冬都能收成。因其生生不息，不畏寒不休眠，便命名「四季春」。在冬茶與春茶之間，其它品種青黃不接之際，四季春獨占鰲頭，多年來在市場已有一席之地。

木柵鐵觀音量少價昂，但其熟茶風味，在高山烏龍當道的市場上，也難以施展手腳。不過木柵位於台北市區近郊，早已發

●張迺乾茶坊遺址。

展成都會型休閒農業區。目前在山上經營土雞城的，比專心做茶的人家，恐怕要多得多。做茶是個辛苦的行業，觀光化的走向，或許留住了不少年輕人，否則他們早都到鄰近的商業區上班了。雖然如此，但茶還是要種的，如果只剩下土雞城，還有什麼特色能吸引遊客呢？

台北市—木柵區

◎ 茶區簡史	一九一九年，張氏家族回到安溪，引進鐵觀音種茶苗一千株，傳為木柵正欉鐵觀音之始。目前仍為全台唯一鐵觀音茶區
◎ 茶區分布	老泉里，指南里貓空一帶
◎ 地形地質	山坡地，海拔200-300m，黏質壤土
◎ 主要品種	鐵觀音、青心大冇、梅占、武夷、四季春等。四季春品種源出此地，稱「輝仔種」
◎ 茶作管理	半粗放半集約式管理，手採，小型加工廠
◎ 製程特徵	鐵觀音需用炭火焙茶，再以布球團揉，邊焙邊揉，毛茶製程需三天；今已不多見，改以瓦斯炒製，製程僅一天
◎ 產期產季	四月底到十一月上旬，年收四季
◎ 商品名稱	以鐵觀音茶種，按鐵觀音製法做成的茶，稱為「正欉鐵觀音」其餘品種按同樣製程者，僅稱鐵觀音
◎ 市場行情	鐵觀音產量不大，在當地觀光茶園銷售，不在市場流通
◎ 商品評介	具有獨特風味，稱為「觀音韻」。需特殊品種，良好的茶園管理，適當的採摘方式，和優異的製造技術才能表現特徵。目前其製程和風味特徵正流失中
◎ 交通狀況	政治大學門口有小型公車可上觀光茶園，亦適合健行，或自行駕車前往。假日有時有交通管制
◎ 農特產品	綠竹筍、桶柑、杏花、茶餐
◎ 著名景點	指南宮、木柵動物園、觀光茶園、樟山寺、政治大學、貓纜

●木柵指南里貓空茶園，傳說在兩百年前，即有安溪張姓人家移入種茶。

3. 南港包種，有石仙氣

南港包種茶，有一種「石仙氣」，那是一種灰石層的礦石味，
野化茶樹也多，是最佳的茶種基因庫。

所謂南港包種茶的「石仙氣」，指的是它在腦寮一帶的地質，含有灰石層，做出來的茶自然就有礦石味。這種礦石味，如果存在法國「夏多內」白葡萄酒裡，是個珍品，冰鎮之後用來下輕度烹調的海鮮最美不過。如果存在以古法製作的南港包種茶，那麼它因為用重火焙，湯色比坪林更金黃，那種灰石氣，你或許也喜歡。

除了木柵之外，南港是台北市轄區內，另一個仍在生產中的茶區。大坑、畚箕湖、腦寮一帶，從日本時代就做茶，由於地近文山堡，也是包種茶的產區。日本官方曾在當地設有茶業傳習所，敦聘當地茶師魏靜時、王水錦兩人傳授。全盛時，家家戶戶都種茶，總面積約有七百餘甲。茶樹品種也多，青心烏龍、青心大冇、武夷、水仙、大葉烏龍、紅心烏龍和小葉鐵觀音都有。

●南港茶園採茶實景。南港地質中含有灰石層，做出來的茶帶有礦石味。

約在七〇年代，由於經濟蕭條，不久又開採煤礦，茶農大都廢耕，轉往

礦坑工作。礦坑給人的印象既辛苦又勞累，但是對茶農而言，上午入坑，下午出來，伸手就能領到現金，比起終年靠天吃飯的茶園，彷彿還要好過。於是茶園逐漸荒廢，長成次生林，林間野放的茶樹，如今已如遺跡。人口大量外流，剩下不到五十甲的茶園，大都是上了年紀的老先生和老太太在照看。

不過近年來由於位在都會旁邊，兼營休閒農業的土雞城大量興起，雖然不像木柵那麼徹底地觀光化，到底也養活了一些兼業的農戶。

野化的茶樹是最佳的基因庫

到南港遊憩，除了一邊唱卡拉OK，一邊大吃土雞以外，其實可以到茶園和次生林裡走走。那裡的小葉鐵觀音，是十分珍貴的適製烏龍品種，而廢耕的茶園裡，野化的茶樹，都成了豐富多樣的基因庫。此外，南港也是最大的桂花產區，早年用來薰製包種茶，如今多作為盆栽銷售。那裡無論單桂，或稱十八年桂，以及四季桂，都廣為種植。中秋之際前去賞花飲茶，花香茶香撲面迎人。有株百年老桂，足足三層樓高，一次採收可得將近六、七十斤的桂花，以每斤八百元計，那株老單桂一年可收四、五萬元。

●南港老茶農楊添丁先生，影像依舊，但人已乘鶴西歸。

台北市內的農業，在迅速都會化之後，除了假日花市賣的盆栽，其餘都很難得了。其實兩百年前，台北盆地北區，舊名七星堡之地，也都是著名的外銷茶產區，如今則只有考古學家才有興趣了。如果你也有意，在內湖的五指山、大崙尾、大屯山柑橘林裡，甚至遠到基隆的暖暖、五堵、七堵、雙溪、平溪、

猴洞、瑞芳一帶，只要鑽進樹林，或芒草叢裡，都還能找到倖存的茶樹。有些山中的農家，春天裡把芒草砍倒，還能收穫一點絕無農藥污染的自然有機茶葉，自己在家裡又曬又炒的，也夠喝一季半季。

　　台灣茶業的外銷和內銷茶區，除了桃竹苗的椪風茶區之外，很明顯地互不重疊。外銷茶重量，內銷茶重質，習慣作外銷的，喜歡大量生產，出貨押匯，現金入袋。不像搞內銷的，要找通路舖貨，小量出貨，還只能收取遠期支票，冒著倒帳的風險。所以說，台茶外銷停頓之後，老茶區寧可廢耕也不曾轉作內銷，就是經營習慣相差太大的緣故。老茶區之如南港者，若不轉為觀光型的多角經營，遲早也是淪為基因庫吧！

台北市—南港區	
◎ 茶區簡史	百年以上老茶區，是包種茶發源地，早期的茶業集散地。日本時代設有茶業傳習所，聘請閩南師傅指導。今已沒落，轉作觀光茶園和土雞城
◎ 茶區分布	大坑、畚箕湖、腦寮、望高寮一帶
◎ 地形地質	山坡地；黏質壤土、少量礫質壤土，另含灰石層（茶湯有石仙氣），海拔100-300m
◎ 主要品種	青心烏龍、金萱、翠玉、青心大冇、武夷、紅心烏龍，和少量大葉烏龍、水仙、小葉鐵觀音
◎ 茶作管理	粗放；手採或單人式機採兼業，條型包種茶，小型兼業加工廠
◎ 產期產季	四月下旬至十月下旬，年收四季
◎ 商品名稱	南港包種茶
◎ 市場行情	當地販售，量少，市場無交易
◎ 商品評介	早期為包種茶品質指標，茶湯金黃，滋味較強，屬熟果香型
◎ 交通狀況	有小型公車可上茶園，每小時一班
◎ 農特產品	桂花、竹筍、土雞城
◎ 著名景點	光明寺，茶業傳習所舊址

4. 式微的中國風
——三峽碧螺春與龍井茶

台灣唯一的綠茶產區，
「青心柑種」炒製的碧螺春和龍井，
供需是越來越勢微了……

　　白先勇筆下的尹雪豔，從黃埔江邊的十里洋場「流落」台北，或者，她將因書傳世，精神長存。但是她，和捧她場的白相人，肉體已然老去；她和他們愛喝的龍井、碧螺春，在台灣也逐漸式微凋零。而那茶唯一的產區——三峽的茶業，就像幾代之前就已壅塞的大漢溪，只留下岸邊窄巷裡，破舊洋樓的痕跡了。

　　往昔光輝燦爛的日子裡，三峽的樟腦、染料和茶葉外銷鼎盛，舢舨連綿。茶山上舉凡外銷用的蕃庄烏龍、包種、紅茶、綠茶都做遍了。境內的五寮、大寮、有木、插角，竹崙、安坑和成福等里原都產茶，全盛時達四百甲，產量三十萬斤，如今只有一百五十甲，約十多萬斤的量。

　　一九四九年之後，撤退來台的中國人因為兩

●三峽的青心柑種茶園，專門製作四九年後來台的中國人所慣喝的炒菁綠茶，用青心柑種仿製龍井與碧螺春。

岸不通，只得就近尋找他們慣喝的「炒菁綠茶」，三峽人接下了這筆生意。以當地的「青心柑仔種」去仿製龍井和碧螺春。三峽的茶業有個「產製分離」的特色。茶農只管種茶採收，製茶則全部交由茶廠處理，三峽因而形成了全台唯一的茶菁交易市場。每天下午四點左右，茶農背著大布包，來到成福路上，茶廠的專人也紛紛趕來。茶包打開，抓一把起來又聞又看，雙方當場議價，成交後以現金給付。交易熱絡的時代，每到黃昏，成福路就大堵塞。這種景象如今沒落了，因為原先數十家的茶廠，只剩兩家，茶農直接用摩托車把茶菁載到廠裡，或貴或賤，大家福禍相倚，沒有多少選擇了。

甚至茶園本身的經營，也有特殊的「共體時艱」的方式。以前茶園請工採摘，從三月到十一月之間，「見芽輪採」，目前仍是這樣。但已大致改為茶園主人和採工五五分帳的方式，每天採多少，就送多少到廠裡。領了錢，雙方一分兩半，各自勉力維生罷了。

青心柑種的綠茶，白毫顯著，和中國不同；條形的茶葉較長，也和中國不同，味道也較中國苦，香型也有所不同。碧螺春只能採收春芽，其餘的三

●早期在三峽的成福路邊，自然形成的茶菁交易市場。

季，採來的茶菁多做為「花胚」，用來薰製香片。碧螺春所用的嫩芽，只能手採，要一心一小葉，費工費時，價格較高，其他的季節裡，品質不同，採下來的茶芽，價格差異極大。茶農和採工再一分帳，每人只得到微薄的工繳。而茶廠也不好過，加工費用一斤不過三、五十元。看來飲用綠茶的人口逐漸凋零，產製的茶園、茶廠也日益艱難，供需雙方都萎縮了。

　　全台的茶區裡，就屬三峽最認命，最不值。不過近來綠茶能防癌養生的說法甚受歡迎，台灣的綠茶飲用人口有略微增加的趨勢，不過畢竟遺留下來的綠茶工廠太少了，有時甚至出現排隊買茶的狀況，十年河東十年河西，看來台灣的綠茶窘況，暫時出現了一線生機。

新北市—三峽區

◎ 茶區簡史	典型外銷老茶區，舉凡蕃庄烏龍、包種、紅茶、綠茶盡皆做過 如今是全台唯一炒菁綠茶產區
◎ 茶區分布	五寮、大寮、有木、插角、竹崙、安坑、成福等里
◎ 地形地質	山坡地為礫質壤土，水田轉作者為沙質壤土，海拔100m
◎ 主要品種	青心柑種、青心烏龍、金萱、翠玉，少量大葉烏龍和阿薩姆
◎ 茶作管理	粗放；見芽輪採，全年無休
◎ 製程特徵	產製分離，曾有全台唯一茶菁交易市場，目前只餘極少數綠茶工廠
◎ 產期產季	全年可採，春茶做碧螺春，其餘三季多做花胚，薰製香片
◎ 商品名稱	海山龍井、海山碧螺春、海山包種茶
◎ 市場行情	☆☆★★★★☆☆☆☆
◎ 商品評介	青心柑種的綠茶，白毫顯著，和中國不同。市場小流通亦少
◎ 交通狀況	北二高土城交流道下，或經安坑前往
◎ 農特產品	桂花、桶柑、香菇、竹筍
◎ 著名景點	三峽老街、祖師廟、五寮尖

註：實心星號表行情高下分布，越右側，行情越高。

5. 不像鐵觀音
——石門鐵觀音

日本時代的重要紅茶產區，
現以紅茶種的「硬枝紅心」重火焙製，
做成「石門鐵觀音」，具火味而無喉韻。

　　一八六八年，日本幕府還政給天皇，開始推動「明治維新」。那是一個很道地的西化運動。當時主張「脫亞入歐」論最力的是「福澤諭吉」，他的肖像印在一萬元日幣鈔票上面。當時描繪宮廷生活的圖片裡，可以看到天皇和貴族男女，穿著歐式的服裝，在西式庭園裡賞玩的情景。他們不遺餘力地引進西方的生活方式，包括飲用紅茶，包括三井會社成立「日東紅茶公司」，以類以的發音「Nidon」，模仿英國最著名的

●石門的茶園，
如今硬枝紅心已
寥寥可數，改種
金萱和翠玉。

Lipton──「立頓紅茶」。

　日本時代，日東紅茶在台灣，大規模推廣紅茶的栽植和製作。原因有兩種，其一，台灣原來外銷的烏龍和包種，在歐美市場形成對日本綠茶的競爭；其二，世界紅茶市場興起，以台灣原有的茶園轉作，加上日商密集的資本和技術，建立大規模的紅茶工廠，很快就可以進入國際市場，爭取創匯的機會。於是東北角海岸的石門、三芝、北新莊一帶種起了從中國引入的，「硬枝紅心」小葉種紅茶。如今，沿著北濱公路經過十八王公廟附近，還可以看到名喚「阿里磅」的公車站牌。當年

●嫩芽呈紫紅色的硬枝紅心。當年以仿祁門條型作法製作的阿里磅紅茶，曾經風行海外。

那「阿里磅紅茶」，以「硬枝紅心」種茶樹，仿祁門條型作法的功夫小種紅茶，曾經風行海外，極品者一公斤可賣五十元美金的天價。

　這些都是往事了。當年地廣三千甲的茶園，搭配重型生產工廠的外銷產區風光，俱往矣。北新莊和淡水的茶樹，只能到廢耕的次生林裡去找，而留在石門和三芝的，只剩約一百甲了。在這點小面積上仍種著硬枝紅心，茶農仍習慣做重發酵的口味，與現今內銷市場的時尚，也有相當的距離，前景看起來是凶多吉少。

　但是天無絕人之路，石門區有一條賣命的錢可用，就是核能電廠提供的「回饋金」。那筆錢在鄉農會靈機一動之下，拿來把庫存的茶葉焙熟，並到處打廣告，宣傳說石門茶的熟口味，就是名聞遐邇的「鐵觀音」──石門鐵觀音，一種會令手持淨瓶楊柳的觀音大士，臉色鐵青的茶。

新北市—石門區

◎ 茶區簡史　日本時代紅茶外銷重鎮，以「阿里磅」紅茶聞名海內外，如今仿製鐵觀音，靠核能電廠回饋金展銷

◎ 茶區分布　十八王公廟附近高地

◎ 地形地質　山坡地、台地；紅壤土；海拔100m

◎ 主要品種　硬枝紅心、金萱、翠玉、青心烏龍、武夷，獨缺正欉鐵觀音

◎ 茶作管理　粗放，機採，小型加工廠

◎ 製程特徵　以金萱、翠玉原料製作，高溫焙熟，或經存放再焙熟

◎ 產期產季　四月底到十月底，年收四季

◎ 商品名稱　石門鐵觀音

◎ 市場行情　多由農會收購，市場少有交易

◎ 商品評介　仿鐵觀音製程，具有火香，無觀音韻，外型亦不緊結成球，徒具其名的熟茶。目前石門鐵觀音多以金萱、翠玉製成，硬枝紅心所製者已難尋矣。

◎ 交通狀況　十八王公廟附近，公車站牌「乾華」處往山上走可達

◎ 農特產品　蕃薯、竹筍、芋頭

◎ 著名景點　十八王公廟，核一廠

●石門茂林社區，以核電廠的回饋金，展銷石門鐵觀音。

6. 五色斑斕的東方美人

夏季的青心大冇，經小綠葉蟬蛀咬，
在酷暑炎熱的天候下，曝曬蒸烤，精挑細選，
這樣做出來的「椪風茶」甘甜而富蜜香，
有一種「蝝仔氣」，極富商品價值。

白毫烏龍，傳奇中有傳奇。而現代工商社會最感興趣的，莫過於歷史上曾經出現的高價。三箱白毫烏龍，每箱淨重十五公斤，就可以換一棟樓房。我們猜想，那麼昂貴的飲料，大約只能賣給大英帝國的女王。女王陛下在水晶杯子裡沖泡，看白毫一心一葉的嫩芽，隨著熱氣蒸騰在水中舞躍，不覺龍心大悅，命名為「東方美人」。所以，提到白毫烏龍的傳奇，理當優先舉出這兩則又富又貴的故事。

曾經烏龍專指白毫烏龍

至於比較樸實的說法，倒是更符合農家樸實的個性。茶園的經營，除了冬天茶樹休眠期之外，是沒得空閒的。每年的春茶，從穀雨前開始採收，逐漸進入高峰期，採過的茶就任它自生自長，等到春茶忙完，第二水的新葉也都長出來了。前一陣子無暇照顧的茶，如今再去一看，糟了，茶園裡蔓草叢生，又遭蟲蛀，芽葉又黃又小又捲曲，看來沒有指望了。農家捨不得這個損失，照樣把枯黃的嫩葉採下，照常萎凋、靜置、揉捻，熬夜做成毛茶，瞞著鄰里，自家挑著擔子，送到洋行裡賣。洋

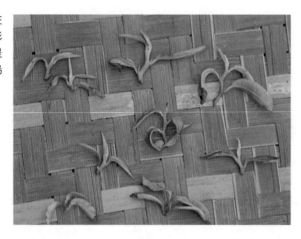

●遭小綠葉蟬蚜咬過的芽葉，形狀有如飛鳥，是製作上等白毫烏龍茶的原料。

行裡的洋買辦喝了，大吃一驚，這茶甘醇爽口，蜜香濃郁，橘紅色的茶湯鮮豔可愛，比起最高檔的紅茶毫不遜色。他們向茶農一再叮嚀，以後有這種茶，來多少收多少。這茶農喜滋滋地回家，向鄰里誇說，被蟲吃剩的茶芽做成的茶，一斤可賣兩斤價。鄰人不信，笑他「椪風」，這茶也就因此叫「椪風茶」。現在想想，如果鄰人是個福佬，笑他「雞規」，這茶名豈非更不雅馴。

總而言之，白毫烏龍多名多姓，叫它東方美人、香檳烏龍、椪風茶、福壽茶，或者因為它有紅、黃、白、褐、綠，五色斑斕，而稱它五色茶。有趣的是，在八〇年代以前，學術單位稱它「烏龍」。至於我們目前說的文山包種茶，或者凍頂烏龍茶和木柵鐵觀音等等半發酵茶，學術單位統稱為包種茶。甚至在台茶外銷鼎盛的時代，所謂福爾摩沙茶 Formosa Tea，或者烏龍茶 Oolong Tea，指的都是白毫烏龍。曾經，「烏龍」兩字，專指白毫烏龍就是了。

青心大冇、白毛猴、大慢種，都有椪風茶

換句話說，「烏龍」，也可當作一個烏龍事件來解。每年芒種前後的梅雨季，是最濕熱的日子，無風，人容易中暑，茶容

易長蟲。那時正是吸食茶芽的「小綠葉蟬」，又稱「浮塵子」大量快速繁殖的季節。被浮塵子蛀過的新芽，芽葉卷曲，變黃，停止生長，同時也富含了浮塵子分泌的物質。要收成這種蟲蛀的新芽，有幾個條件，其一，不可噴灑農藥；其二，要靠運氣，浮塵子並不是雨露均霑地照顧每一分地；其三，要有吃苦耐勞的農家婦女，能在嚴酷的烈日下，曝曬蒸烤，一面精挑細選，一面還能以山歌相裹。

椪風茶的製法，也比較繁複。採半遮蔭式，重萎凋，上午採的茶菁晚上炒，下午採的隔天做。殺菁之後要先回軟，用布包裹，小火略炒，等茶菁返潮之後揉捻，之後再行乾燥就成毛茶。椪風茶的發酵重，也只有夏天才適製。上等的椪風茶，茶芽矮胖肥短，五色分明，白毫顯露，茶湯橘紅色，甘甜而富蜜香。在桃竹苗一帶，以青心大冇做出來的椪風茶，有一股「青心氣」，商品價值較其他品種高出一半。 另外在坪林茶區，則以「大慢種」來製作椪風茶，外型較好。採摘時手法特殊，用「掰」的，而不是用「摘」的，掰下嫩芽連同兩粒才成型的小花苞，做成的茶白毫特別顯露。雖然不一定被蟲蛀，但是嫩芽經過較重的發酵，慢火炒熟，仍可生成特有的蜂蜜香。坪林人稱之為「紅茶」。

白毫烏龍市場價值高，零售單價動輒數千元以上，產量少，年產量才五萬斤。消費者實在很難出手。近來已有人到中國試做，找尋同樣經蟲害的茶區，做成較廉

●白毫烏龍名號眾多，東方美人、椪風茶、香檳烏龍、福壽茶，五色茶皆是。

價，不太椪風的產品，再回銷台灣。試飲過的人認為尚缺那種「青心氣」。其實我們倒是建議，桃竹苗所產的高檔椪風茶，可選用一兩的小包裝，教消費者像藝術品那樣買回去，用玻璃杯沖泡，學英國女王，欣賞東方美人在水中舞動。畢竟是民主時代了，價值萬金的椪風茶，淪為黑金財閥者流誇示標榜的禁臠，未免可惜。小包裝的迷你美人，讓更多人得以欣賞，豈不又添一樁傳奇佳話。

●高級白毫烏龍的茶菁，已呈黃紅綠三色。

●白毫烏龍的茶乾，白毫特別顯露。

●白毫烏龍的日光萎凋程度比其他烏龍更重，攤　　●東方美人的芳美甘甜，靠的是肯在烈日下採摘
菁時，茶菁幾乎不重疊。　　　　　　　　　　　　茶芽的，刻苦耐勞客家阿嬤。

白毫烏龍茶區—桃園市、新竹縣、苗栗縣、台北市
　　（參閱各縣茶區介紹）

◎ 茶區簡史　　百年前即以「Formosa Oolong Tea」著稱於世，英國女王命名
　　　　　　　　為「東方美人」。如今亦如藝術珍品一般的珍貴
◎ 茶區分布　　新北市：坪林、石碇、新店、三峽／桃園市：龍潭／新竹縣：
　　　　　　　　關西、峨眉、北埔／苗栗縣：頭份、頭屋、獅潭、大湖
◎ 地形地質　　台地或山坡地；桃竹苗三縣多紅壤土，新北市多礫質壤土；海
拔　　　　　　　100-800m
◎ 主要品種　　桃竹苗：青心大冇，少量金萱、翠玉／新北市：大慢種，青心
　　　　　　　　烏龍、青心柑種、金萱、翠玉、青心大冇、白毛猴
◎ 茶作管理　　不肥培施藥，手採嫩芽
◎ 製程特徵　　少量精工製作的芽茶
◎ 產期產季　　六月初，芒種前後，年收一季
◎ 商品名稱　　白毫烏龍、東方美人、香檳烏龍、椪風茶、福壽茶、五色茶、
　　　　　　　　蝝仔茶、番庄烏龍
◎ 市場行情　　☆☆☆☆☆☆★★★★
◎ 商品評介　　坪林茶區，白毫顯露但品質懸殊，價差十倍以上。
　　　　　　　　桃竹苗茶區，著蝝與否，口感差異很大。購買時應試飲，尋找
　　　　　　　　「蝝仔氣」並著重蜂蜜香，總以甘甜滑口為上品

7. 明日黃花矣
——桃園市

外銷茶區轉變為產製低價內銷茶，為開出一條生路，
各鄉鎮均推出自命品牌的茶品，並與休閒產業結合。
區內有台灣唯一的煎茶工廠。

桃園市曾經是盛極一時的外銷茶區重鎮，出產紅茶、煎茶、槍仔茶（註＊）。茶園遍布龜山、蘆竹、龍潭、大溪、復興、楊梅、平鎮等地。擁有十多甲茶園的茶業改良場，自日本時代以來，一直設在楊梅鎮的埔心里，是育種和技術研究的官方單位。

●日本時代，龍潭曾是紅茶產製重鎮。

走在桃園台地的紅土山坡上，仍然看得到茶園，只是面積和行情早已不復當年。

●全台目前唯一碩果僅存的煎茶工廠，位於桃園市龍潭區高原里。

一項不能帶來利潤的產業，必然面臨被剷除的命運。龍潭的茶園早已「改種」賺錢的「小人國」，龜山的部分，改種「長庚醫院」和

「警官學校」，這些只是較為人知的例子。

如今龍潭仍是台灣唯一的煎茶產區。煎茶是蒸菁綠茶，當年雲集數百家茶廠，主銷日本，如今只剩一兩家，年產量也不高。而日本已發展到年產量十萬噸，在台灣的日商百貨公司裡都買得到。不過龍潭仍有少量青心烏龍製的烏龍茶，經李登輝命名為「龍泉茶」。

龜山茶區最盛時，城裡有條茶專路，可見繁榮之況。如今的壽山茶，也只聊備一格。蘆竹以蘆峰茶為名，是目前縣內最熱心推廣的茶區，自辦比賽，也在包裝和行銷上用些心思。大溪仍產所謂武嶺茶，但那裡是個觀光景點，為了因應遊客的需要，街上賣的還是號稱高山茶者居多。

楊梅茶稱為「秀才茶」，是因為鎮上有一個村落，出了六個秀才，人稱「秀才窩」，茶改場設在那裡，除此之外，還有「揚昇高爾夫球場」。你當然想得出來，球場的草皮原來種的是什麼。

北部橫貫公路上的復興鄉也有茶，茶園在拉拉山附近的水源保護區內。政府對保護區內的茶園和檳榔，有個「三不政策」：不輔導、不鼓勵、不取締。當地茶農自覺處境艱難，主動改行有機栽培，不噴藥、不施化肥，有朝一日或許翻身有望。

●桃園市龜山區曾經茶廠林立，至今仍留有「茶專路」。

●楊梅秀才茶，秀才窩的人才比茶高明。

●龍潭地區比賽茶外包裝。

　　桃園境內的茶園，因為地處都會附近，除了被大量剷除，改為遊樂場所之外，因為人口流向城市，僅剩的茶園都改為兼業經營。如果與休閒業結合，或許仍能製造些許利潤吧！

　　（註＊外銷北非摩洛哥的「珠茶」。屬炒菁綠茶，外型緊結如珠，狀若散彈。英文俗名「Gun Powder Tea」。

桃園市
（白毫烏龍茶區，參閱〈五色斑斕的東方美人〉一文）

◎ 茶區簡史　　早期主要外銷茶區，日本時代盛產紅茶，戰後改作炒菁綠茶，再　　　　　　　　改為全台唯一蒸菁綠茶產區
◎ 茶區分布　　龜山、蘆竹、龍潭、大溪、復興、楊梅、平鎮
◎ 地形地質　　台地；紅壤土、海拔100-300m，大溪為山坡地，礫質壤土
◎ 主要品種　　青心烏龍、青心大冇、金萱、翠玉
◎ 茶作管理　　半粗放，兼營，機採
◎ 製程特徵　　尚餘少數煎茶廠，少量烏龍茶以桶球機做成半球型茶
◎ 產期產季　　四月中旬至十一月上旬，年收四季
◎ 商品名稱　　龜山：壽山茶／蘆竹：蘆峰茶／楊梅：秀才茶／大溪：武嶺茶／龍潭：龍泉茶
◎ 商品評介　　☆☆★★★☆☆☆☆☆，流通量少
◎ 市場行情　　為外銷茶區沒落成低價內銷茶的典型
◎ 交通狀況　　高速公路可達
◎ 農特產品　　豆乾、水蜜桃、花生糖、桶柑、竹筍
◎ 著名景點　　埔心茶業改良場，拉拉山、角板山

8. 又是雲又是泥
——新竹縣

這裡，曾經是台灣外銷茶葉的重鎮，
而今，除了僅餘的國寶級椪風茶區，
其他茶種已所剩不多。

　　「關西」在新竹，曾經是全台單一鄉鎮茶園面積最大的所在。歷史悠久、規模宏大的「台灣紅茶公司」就在那裡，如今停產了，只做些獨門的碎型綠茶，外銷日本作工業用茶粉罷了。當年堂堂三千多甲的茶園，早已「轉作」種了八家高爾夫球場，每家至少一百甲，另外再加上六福村，而「六福茶」便是目前關西茶僅存的碩果。茶園沒了，茶廠關了，甚至都還來不及寫入歷史課本。

　　湖口茶名喚「長安」，是全台茶價的谷底。不論內外銷，一斤數十元，大家喝的罐頭茶、寶特瓶茶、泡沫茶，大約都是這一個等級的行情。類似情形在寶山也一樣，只不過該地早已改種「新竹科學園區」，園區裡單日股票漲個

●這間已停產多時的外銷老茶廠，說的其實是台灣諸多外銷老茶廠的命運。

停板，就比得上繼續種茶五百年，難怪官方對茶業興趣缺缺，考慮連茶業改良場都廢掉。

古早的外銷茶區向來以量取勝，一旦茶園被入侵，茶廠必然應聲而倒，政府也隨後鼓勵廢耕。看來台灣人喝進口茶，是指日可待的了。這種壓力甚至已滲入新竹僅剩的國寶級茶區。就是聞名古今中外的椪風茶，產於新竹的峨眉、北埔和苗栗的頭份、頭屋一帶。椪風一年只能採收夏茶一季，當年蒙英女皇厚愛，賜名「東方美人」；如今轉作內銷，行情依然居高不下，比賽入圍者，動輒五、六千元一斤，特等獎喊價則高達數萬。

這當紅炸子雞的危機，並不在於市場的景氣與否，而在於年事已高，佝僂於烈日之下，採摘嫩芽的「東方美人」。六月芒種前後，到北埔、峨眉走一趟吧，記得要離開冷氣透涼的愛車，走進烈日之下，爬上一無遮蔭的茶園，去陪陪那些裹得

●白毫烏龍的炒菁作業。

密不透風的「東方美人」，她們任意集合三位，加起來總有兩百來歲。那小綠葉蟬肆虐過的茶芽，比針尖大不了多少，一芽一芽的摘，一天賺個千把塊。這艱苦的營生，除了任勞任怨，一輩子「拖老命」的客家歐巴桑，還有誰肯做。沒有了，除非，除非到東南亞去進口「外籍」美人。去娶回來當新娘吧，或許只有她們，才

能延續這高貴如藝術
珍品的椪風茶。

　　即便如此，看官不
妨再勞駕走多點路，
看看峨眉湖邊，一望
無際的禪寺和道場。
看來這茶園真是薄
命，先有球場、遊樂場，如今天上的神仙也都來踩一腳。台灣
茶的本家之一，閩北武夷山，也是道家聖地，那裡的修道人以
種茶鬥茶為樂；而在我們這裡，財大勢大的「宗教業」，歡喜
把茶連根拔起，舖上強化水泥，做成停—車—場。

新竹縣
（白毫烏龍茶區，參閱〈五色斑斕的東方美人〉一文）

◎ 茶區簡史	早期台茶主要外銷產區，關西曾是全台單一鄉鎮茶園面積最大者，劉銘傳為了茶葉外銷之便，先修鐵路至新竹。近年已多轉作「高爾夫球場」
◎ 茶區分布	湖口、新埔、關西、峨眉、橫山
◎ 地形地質	台地、山坡地；紅、黃壤土
◎ 主要品種	青心大冇、金萱、翠玉、四季春
◎ 茶作管理	半粗放；機採；中型加工廠
◎ 製程特徵	內外銷低價茶
◎ 產期產季	四月中到十一月初，年收四季
◎ 商品名稱	關西：六福茶／湖口：長安茶
◎ 市場行情	★★☆☆☆☆☆☆☆☆
◎ 商品評介	粗放低價，工業用、餐廳用、外銷用茶
◎ 交通狀況	交通方便
◎ 農特產品	柿餅、柑橘、橫山梨
◎ 著名景點	六福村、高爾夫球場

9. 昔日的老田寮
——苗栗縣

昔日的台灣四大茶區，以外銷為主，而現已今非昔比，
明德的明德茶，南庄或獅潭的仙山茶，
都還是當年留下的痕跡。

桃竹苗三縣的茶園和茶業，最教人興起滄海桑田的感觸。昔日台灣四大茶區，是凍頂、名間、坪林和老田寮。那「老田寮茶」的舊名，指的就是苗栗縣頭屋鄉，如今的明德水庫地區。遊客去那裡，仍買得到明德茶，但規模已今非昔比了。

白雲蒼狗流轉無常，今天到三義，大家都知道那是台灣雕刻業的重鎮。但是，當年台灣農林公司的紅茶廠設在那裡，知道的人就少了。紅茶是經濟規模巨大的產業，原料和成品的吞吐量驚人。可以想見當其全效運轉之際，四周的茶園景觀，必定是連綿起伏，滿山遍野的。

●過去的老田寮，現在的明德水庫，只是茶業的規模早已今非昔比。

外銷茶園的分布，銅鑼也在其中。如今境內的九華山，只有紅土花生出名。有趣的是，九華山上紅土是有的，但花生園卻找不到。就「紅土

花生」這四個字而言，與其土地相關，只有前面那兩個字。茶園倒還有一些，分布在僻遠山坡上的相思林裡，有些修剪整齊，仍然交貨給外銷廠，也有些隱沒在芒草叢中，仔細撥開來，看得出阿薩姆大葉種茶樹的遺跡。

●即將淹沒於荒草叢中的茶園——明德茶區。

苗栗縣其他鄉鎮的茶園，命運也相差不遠，像南庄或獅潭的仙山茶，而三灣則改以梨出名，大湖的茶原也是無印良品，但如今大家只去採草莓，茶之為業，已漸漸被淡忘。除了椪風，這個在傳說中，因無心插柳而成就不凡的國寶。

　　與新竹峨眉接壤的頭份鎮，是縣內最重要的椪風茶區。鎮上的興隆里上坪一帶，緩坡的丘陵連綿，芒種前後，烈日瀰天舖地罩下，一點風也沒有。行走其間宛如置身烤箱，這是小綠葉蟬衷心喜愛的氣候。要分辨每一畦茶園是不是易受蟲害，其實不難。那些「微型氣候」不適於小綠葉蟬滋生的茶園，只能將青心大冇做成廉價的夏茶，為了節省工價，都行機械採收，茶樹因此剃得平平整整。至於容易「著蝝」的，茶農便不噴藥，留著嫩葉餵蟲。此際要收成了，茶園裡點綴著年老的採茶歐巴桑，裹得嚴嚴整整，緩緩地將蟲蛀的芽葉挑出來。至於歐吉桑們，則好整以暇地待在路邊的茶廠裡，圍在長桌邊聊天。他們在等待歐巴桑帶著茶菁回來，一斤兩千元地買走，回家後各憑本事製茶。以三斤茶菁做一斤茶計算，頂極的椪風茶單是材料成本，就高達一斤六千元。難怪說，最上等的椪風茶，一點都

不膨風的說，真像藝術品一樣珍貴。製成好茶的藝術家，身價和名氣都令人仰望，而他們的背後，便是全身裹得花花綠綠，佝僂著在烈日下緩緩移動的偉大女性。喝得起的人就喝吧，喝的時候不妨學一百年前的英國女王那樣，用玻璃杯，欣賞茶葉在滾水中舒展騰躍，宛如舞動中的東方美人。只是對茶園裡那成群的，年華老去的採茶姑娘，也不妨虔誠的感念一番。

●昔日的老田寮茶，多有淹沒於草叢者。

苗栗縣─老田寮茶區
（白毫烏龍茶區，參閱〈五色斑斕的東方美人〉一文）

◎ 茶區簡史　台灣早期四大茶區之一，老田寮曾是外銷茶重鎮，茶園連綿，廠　　　　　房接比，如今已極度衰落
◎ 茶區分布　頭份、頭屋、獅潭、大湖、銅鑼、三義、南庄、三灣
◎ 地形地質　紅壤土
◎ 主要品種　青心大冇、青心烏龍、金萱、翠玉、四季春
◎ 茶作管理　粗放；機採
◎ 製程特徵　以桶球機做半球型茶，日光萎凋後不浪菁，直接炒熟桶球
◎ 產期產季　四月到十一月，年收四季
◎ 商品名稱　頭屋：舊稱老田寮茶，今通稱明德茶
◎ 市場行情　★★★☆☆☆☆☆☆☆
◎ 商品評介　粗放、大量製造，多外銷及工業用，或銷餐廳
◎ 交通狀況　高速公路聯絡道可達
◎ 農特產品　草莓、三灣梨、桶柑、海梨、楊桃、花生、木雕
◎ 著名景點　明德水庫、九華山、大湖草莓園

10. 台茶之最，梨山最高

梨山地區海拔高，
天氣的特徵是晝夜溫差大，宜種不宜製，
若逢好天氣，再加上好師傅，那麼梨山茶是令人嚮往的人間極品。
倘若人時兩不宜，只靠地利，成品的好壞就難說了。

　　在朋友家看到一罐四兩裝的高山茶，茶罐外包裝十分豪華，還貼著一張像比賽茶那樣的封條，不過蓋的是茶商的店章。封條上印著「台茶之最」四個大字，和一行廣告詞：「名師鑑賞，玩茶高手，共同認定，保證佳品」。另有手寫的字樣，「大禹嶺，兩千六百公尺」，看起來有種經過逐罐個別認證，百分之百高山精品的意味。

　　這種茶「可能性」其實很高，因為第一手的受禮者，是位官拜數顆星的人士，送禮的一方出手不致於太寒酸。但所謂「可能性」，指的是茶價很貴的可能性。大禹嶺是全台灣，甚至全世界，海拔最高的茶區，說它是「全球之最」也不為過。目前市場行情，每斤由新台幣六千元起跳。很慎重地在封條上劃一刀，掀起蓋子，剪開裡面的真空包，抓了一小撮放在蓋杯裡，

●包裝罐。雖然梨山茶有一定的高度保證，然而對半發酵茶而言，高山茶的滋味，卻未必最好。

沖水，稍候一會，把茶湯倒進小杯子。是有那股很容易辨認的「高山氣」，但是body薄弱些，有種稚嫩青澀，欠缺成熟風韻的遺憾。從蓋杯裡撈出茶葉來看，多是「小開面」，比芽葉大不了多少。「太幼齒了……」，飲茶界的「戀童癖」，近年來真有伐害「茶族幼苗」的嫌疑。除此之外，退菁做不好，有天候的限制，導致茶湯「積水」，味雖甜嫩但不經泡，易生澀味，外型雖美，實未完全長成。這都是當前烏龍茶的通病，而以高山茶為烈。

最典型的高山茶區

台灣的高山茶區裡，最典型的莫如梨山。以退輔會經營的福壽山農場為代表。農場的高處有一窪水池，名喚「天池」，池邊有亭，稱「達觀亭」，是蔣介石統治台灣時，常去「憂國憂民」的所在。天池海拔兩千六百公尺，近旁的茶園，就是台灣之最，舉世無雙。 一般稱梨山茶者，至少種在海拔兩千公尺以上。如今翠巒、翠峰、華崗、新舊佳陽一線，約有五十甲的茶

●天池達觀亭，位於梨山茶區福壽山農場，海拔高度為現今高山茶區的第一名。

園，高度從一千五百公尺起算，在市場上都稱為梨山茶。

大約七○年代中期，梨山才開始有人種茶。其中以陳金地最為有名。他曾經「冒著生命危險」，拿著當地特產的水蜜桃，走上前去，獻給正在散步的蔣介石。並因得其青睞而一舉成名。他開始種茶的時候，把茶苗插在果園裡的蘋果或梨子樹下。經過三五年，茶樹可以收成了，才把果樹砍掉，避免了換種之間，青黃不接的空窗期。

梨山地區海拔高，天氣的特徵是晝夜溫差大，春夏之交，整天雲霧籠罩，是孕育茶樹的優良環境。但是就製茶而言，就要看運氣了。同樣雲霧繚繞的氣候，因為難以充分進行日光萎凋，便成了半發酵式烏龍茶的殺手。換句話說，若逢好天氣，再加上好師傅，那麼梨山茶是令人嚮往的人間極品。倘若人時兩不宜，只靠地利，成品的好壞就難說了。

兩千四百公尺以上，高海拔的寒冷，也使得高山茶區一年只得兩收。第一季在五月底六月初，此時低地茶園的春茶已過，夏茶正收；第二季是八月底九月初，夾在低地的秋冬茶之間，兩收的產能自然較少，而這是指天時良好的年頭而言。運氣較差的時候，霜期不退，影響就變得更大。梨山地區的霜期很

長，如果晚霜到四月還不退，新發的嫩芽受到凍傷，第一季的收成就泡湯了。同樣的，秋天的早霜如果來得早，第二季也難說。種種客觀的難處，使得梨山的高山茶，像走鋼索賣藝一樣，是個高風險的行業。

茶區名氣是主要的號召

它的產量少，採製的季節又與低地有所區隔，無法參加比賽，因此高山茶的行情，是以茶區的名氣作為號召，不受年成好壞，或技術生熟的影響。消費者一面倒地搶購高山茶，對茶農的高風險投資，確實也保障了若干回收。他們出手給茶商，每斤總有三千至四千元之譜，到了零售市場，還要上漲一倍。

●雲霧繚繞的福壽山農場，或者有一股朦朧美，但日光萎凋不足夠，便會有菁味重，以及茶湯滋味淡薄的缺點。

以整個茶區約五十甲地，每甲平均兩收，年產量約五萬斤來算，梨山茶在零售市場上，每年有三至四億的產值。

一九九九年的九二一大地震，茶園本身並未受害，但從谷關進入的中橫一線，到處傷痕累累，茶農只能改從花蓮和宜蘭支線進出。事實上長年住在梨山的住民，每當雨季，車子裡帶的乾糧、瓦斯和鍋碗瓢盆，已成為標準配備。沒有人知道什麼時候會走山、會落石、會崩塌，會被困住多久。何況，有機會埋鍋造飯，等待救援，已是不幸中的大幸。若是被落石擊中，被土石掩埋，那什麼都不用說了。

之前曾有人提議中橫應當封山，不過時空轉變，梨山雖已不

再種梨，但高山茶卻更開始大量種植，未來幾年台灣愛茶人口的焦點恐都將聚集在這裡。台灣人愛新鮮，買茶都愛新茶區，認為新茶區土地養份多，滋味強勁，但茶葉長得好固然好，做茶技術卻更是要緊；並且許多老茶區中的老欉茶樹，根紮得深，吸收土地養份豐富，做茶技術更是具有悠久的傳統，為了台灣這塊土地，為了提高台灣茶產業的技術價值，實在不必一味迷信新茶區。

　　更何況，在台灣所有能產茶的山區都被翻了一遍後，台灣的茶業還能何去何從呢？

台中市—和平區

◎ 茶區簡史	一九七〇年代中期，退輔會的福壽山農場開始植茶，並漸次擴散；為全台海拔最高茶區
◎ 茶區分布	福壽山農場、天府農場，台8線89K-105K附近
◎ 地形地質	山坡地；礫質壤土，頁岩；舊佳陽海拔1600m，福壽山農場海拔2600m
◎ 主要品種	青心烏龍、金萱和少量武夷、翠玉
◎ 茶作管理	人工集約管理，用當地和外地茶工及師傅採製，也有外地人買茶菁在當地加工
◎ 製程特徵	球型烏龍茶；嫩採，午後起霧，萎凋不易
◎ 產期產季	五月底到十月上旬；高海拔茶區可收二至三季，第一季五月底第二季八月底，看天氣或可於十月上旬收第三季
◎ 商品名稱	通稱梨山茶；福壽山農場所產叫福壽長春茶
◎ 市場行情	☆☆☆☆☆☆☆★★★ 海拔落差大，價格亦不一，但各茶區不分季節與成品優劣，均無議價空間
◎ 商品評介	是全台海拔與茶價最高的茶區，但成品優劣受天候影響甚劇，午後起霧而退菁不足；近年製茶觀念偏於嫩採，發酵不足，綠茶化等，已少有極品出現。
◎ 交通狀況	目前中橫因九二一封山，需由霧社支線、宜蘭支線，或由花蓮進入。公共交通工具不便
◎ 農特產品	梨、蘋果、高山反季節蔬菜
◎ 著名景點	福壽山農場：天池、達觀亭；四月中旬：梨花

11. 種在新中橫沿線的玉山茶

玉山茶海拔六百至兩千公尺之間，採摘期原本較晚，
但為趕赴茶市，多半「嫩採」，青心烏龍和金萱是主要品種。

　　從東埔入山，會經過名喚「沙里仙」的原住民部落，溪邊的河床上看得到茶園。日本時代，有戶人家在林場附近開雜貨店，二次大戰末期，一架飛機失事，墜毀在人跡罕至的密林裡。不久之後，陸續有原住民神色詭譎地溜進他家，眼看四下無人，亮出袋子裡閃閃發光的金條，向老闆換酒。老闆不動聲色，靜悄悄地照單全收，再靜悄悄地把金條換成河床上的土地，地上種了茶，家裡發了跡。如今河床上有青心烏龍和金萱等品種，家小也已傳到第三代。

　　同樣是種茶人家，同富村草坪頭的茶農，是早年從彰化「紅毛社」移居的伐木工人後代。那裡海拔一千兩百至一千三百公

●沙里仙茶園有一段源自日本時代的故事。

尺，是深山裡難得的平地，種茶也開始得很早，曾有短暫的一度，是全台海拔最高的茶區，平地的茶行販仔趨之若鶩。那裡的土壤是沙質，含小粒卵石，地利不盡理想。東面

有大山擋住，春冬之際，陽光要等到上午十點才看得到，接近正午露水才乾，春茶要四月下旬才能採收，已失去市場的商機。在更高的茶區紛紛興起之後，它就不再那麼「搶市」了。那裡也有雜貨店出身的李氏茶農，早年同樣也賣些大米、豬肉、乾貨和米酒，可惜不曾有人拿金條去換。李家的茶園到現今，還是向台灣大學實驗林場承租的。

●玉山茶區的駁崁特別高。

其實，高山茶區的土地，私有的並不多，大部分屬於林務局，或台大實驗林所有，不然就是原住民保留地。玉山茶區也是這樣，茶園的分布並不是直上台灣最高峰，而是六百至兩千公尺之間，還在國家公園的範圍之外。如果劃進國家公園，那就不能任意擴展墾殖了。所以「玉山茶」的名號，從水里、信義，沿新中橫一線的茶園都能通用。

●草坪頂茶區為深山裡難得的平地，曾經是全台海拔最高的茶區。

水里「勝峰茶」已有相當的知名度

水里鄉的茶園，分布在六百至一千六百公尺之間，像永興村的茶園，就座落在濁水溪的南岸，茶農從隔鄰的鹿谷鄉凍頂地區移入。以青心烏龍為主要栽培品種，產量有限。在人倫林道上的新山茶區，海拔八百至一千兩百公尺，七〇年代，名間鄉陳姓人家移入，種梅子和茶，是和梅山同期，最早的高山茶區。到了八〇年代，舊名「郡坑」的上安村，除了梅子、香蕉、檳榔之外，也開始種茶。最早入墾的詹姓農戶，用怪手把斜坡剷平，肥沃的表土都被推下谷底，他種的茶都活不到隔

●正在採收春茶
的玉山茶區茶園
景況。

年。茶園的經營，重視的是深土翻攪；另一戶吳姓人家，把自己的梅子樹砍倒，按等高線植苗，他的茶樹就活下了來。八〇年代中期，產量已大，目前自組一個「勝峰茶葉產銷共同經營班」，有政府補助的共同製茶所，所產的「勝峰茶」也有相當的知名度。以青心烏龍和金萱為主。

信義鄉、塔塔加都有但規模不大

進入信義鄉，和水里鄉交界處有地名「三十甲」之處，先種金萱，後改青心烏龍；再往內是羅娜村，海拔接近一千三百公尺，少量生產。震災之後，產業道路狀況不佳，經營更難擴展。換到東埔沿線，沙里仙，草坪頭再往內是神木村，高度達一千七百公尺，那是早年阿里山的登山口，以往伐木工人必經之路。茶園不大，有限的產量必須運到草坪頭加工集散。

要到塔塔加茶區，離塔塔加台地還有一段距離。行經新中橫，看到員林客運的「沙里仙」站牌，旁邊有「泰山老祖廟」的牌樓，從那裡往上走就到了。十甲左右的茶園，多為鹿谷康

●採茶婦女蹲踞
在低矮的幼木茶
園裡，進行採
菁。

姓家人。海拔一千六百至兩千公尺，原適摘期是五月中旬，那時平地已入夏茶的季節，為了「赴市」，搶在四月下旬採收，也是採摘嫩芽的高山茶通病。以致香氣雖細緻，但不夠明顯，滋味更

是淡薄。 總括玉山茶區，茶園面積不大，產量有限，不過卻到處買得到，你說奇怪不奇怪？

南投縣—信義鄉

◎ 茶區簡史　一九八〇年代開闢茶園，屬新興高山茶區
◎ 茶區分布　三十甲、羅娜、同富（草坪頭）、神木、沙里仙、塔塔加
◎ 地形地質　同富：沙質壤土，平坦台地，餘為山坡地，多礫質壤土、黃壤土；海拔1000-2000m
◎ 主要品種　青心烏龍、金萱
◎ 茶作管理　人工集約管理、手採，外聘採製人工，中小型加工廠
◎ 製程特徵　球型烏龍茶
◎ 產期產季　四月下旬到十一月上旬，年收四季
◎ 商品名稱　通稱玉山高山茶。沙里仙：沙里仙茶／塔塔加：塔塔加茶
◎ 市場行情　☆☆☆☆★★★★☆☆
◎ 商品評介　新興高山茶區，製造時受天候影響很大，品質優劣落差亦大，但議價空間卻小；茶湯翠綠，菁味重
◎ 交通狀況　沿台21線新中橫公路，或台18線阿里山公路進入
◎ 農特產品　竹筍及竹製品、葡萄、梅子、高山反季節蔬菜
◎ 著名景點　東埔溫泉、風櫃斗梅花林、塔塔加鞍部夫妻樹

南投縣—水里鄉

◎ 茶區簡史　一九八〇年代，由新山地區開始種茶，屬新興高山茶區
◎ 茶區分布　永興村、新山、上安村（郡坑）
◎ 地形地質　山坡地，黃壤土或礫質壤土；海拔600-1600m
◎ 主要品種　青心烏龍、金萱
◎ 茶作管理　人工集約管理，手採，外聘採製人工，中小型加工廠
◎ 製程特徵　球型烏龍茶
◎ 產期產季　四月中旬到十一月中旬
◎ 商品名稱　通稱玉山茶；上安村：勝峰茶
◎ 市場行情　☆☆☆☆★★★☆☆☆
◎ 商品評介　部分茶園接近中央山脈，晝夜溫差大，有高山味，上安村茶農對品質要求較嚴格，分級較可靠。
◎ 交通狀況　沿台21線新中橫公路進入
◎ 農特產品　梅子、檳榔
◎ 著名景點　梅花林

12. 遵古炮製絕處逢生
——鹿谷鄉凍頂茶

真正的凍頂茶採收成熟度較高的對口芽，
萎凋和攪拌的程度較重，發酵程度較足，
條索稍彎而緊結，成半球型如蝌蚪狀，
茶乾呈黃鱔色而油亮，茶湯金黃，以滋味取勝而香氣內斂沈穩，
市場稱之為「凍頂氣」，是指其產地香。

　　你想喝古典風味的凍頂烏龍茶嗎？難了。那種茶湯濃郁，馨香成熟的滋味，在市場上找不到了。或許你得親自到凍頂走一趟，拜訪上了年紀的茶農，到他的庫房裡，把珍藏的私房茶挖出來。問題是路不好走，尤其在夏天的颱風季節。公路攀升到「三彎仔」一帶，路旁陡直裸露的山壁，土石不斷滑落，清理路面的怪手司機，簡直可以攜帶帳蓬，長期紮營了。

　　一路心驚膽跳地爬上凍頂山，停在兩層樓的宅院前，四下一點聲音也沒有。樓房一半是製茶所一半是起居的客廳，呼喚茶農的名字，沒有人應答。六月天裡，大多數凍頂人和其他茶區一樣不再收夏茶了，園子裡靜悄悄的茶間也空盪盪。馬路對面有人探頭出來，友善地說，少年的開車出去，至於老的，鄰居指著路邊新蓋的鐵皮屋，他躲在那裡，被兒子趕出家門了。

　　老茶農從鐵皮屋裡探頭出來，「夭壽，不是啦，是我不敢住，不知啥米時陣會地動。」老茶農顫危危站在屋前曬菁的水泥地上，「驚死人，半眠阮父仔子在茶間，忽然間失電，瓦斯

筒、炒茶機滾來滾去，那嘸是阮子緊跳走，就乎壓死，好佳在嘸火燒厝。」他指著屋子正面的落地玻璃門，「玻璃攏總踫破，恁看多厲害，誰敢住內底。」他轉頭看新蓋的鐵皮屋，那裡原本是土角厝，九二一那晚被夷為平地，他另蓋了鐵皮屋，一個人住在裡面避難。

●鹿谷鄉彰雅村凍頂巷，最正港的凍頂招牌。

兩層樓的屋子裡，只住了兒子媳婦三口人。那年輕的媳婦聽到門口的人聲，從樓上下來，招呼大家進去坐。開車出門的兒子也剛好回來了。

他坐進客廳的主位，就是原木桌上那一套茶具前面的位置，伸手提起熱水壺，很優雅地把茶壺、茶海，聞香杯、飲茶杯澆濕。他的手法熟練而穩重，茶泡好了，先倒進瘦長型的聞香杯裡，再把飲用的茶杯倒著套上去，兩手迅速翻轉，變成茶杯在下，聞香杯倒扣其上，茶湯被大氣壓力封住，一點都洩不出來。他捧杯敬客，客人把聞香杯輕輕掀起，「波」的一聲輕響，茶湯溢出，客人拿出聞香杯，送到鼻尖，去體會那股杯面香，再把鼻子伸進杯裡，裡頭還有更濃的杯底香。

儀式是摩登的、雅緻的，現代茶藝館的風情。老茶農放下杯子，說了一個字，「菁」。客人看著年輕的主人，問他「有沒有較熟的」。沒有，年輕人搖搖頭，「要教我賣誰。」氣氛像屋外凝滯的暑氣一樣，頓時顯得沈重。

老人站起來，「來去我那裡，有一泡我自己喝的。」客人隨著他魚貫而出，穿過前庭到他簡單的鐵皮屋裡。那裡有輕便的凳子，和一張斑駁的三夾板茶几，上頭一個烏黑的小壺和幾只小杯。廚房裡傳出開水滾沸的聲音時，老人正好從房間裡出

●凍頂山年歲悠久的老茶樹。

來，抓著一大塑膠袋的茶葉。

茶湯在杯子裡顯得厚重深濃，喝起來飽滿滑潤，老人和客人閉上眼，發出歡息。老人看向門外，路面上一個白頭老翁緩緩走來。老人出聲喊他，他轉頭走過來。老人向客人介紹，「蘇猛老先生，今年九十歲，阮凍頂第三老的。」蘇老先生輕快地落座，拿起杯子喝了一口。「這卡是阮凍頂茶。今嘜的少年做茶，攏無發酵，菁味足重，阮嘸愛呷。」但說起來這也是七八年前的事了，蘇老先生今日也已故去。這就是當今凍頂茶變化的軌跡。隨著比賽茶評審著重外型，又隨著高山茶的風味起舞，所謂「凍頂型烏龍茶」，恐怕將成為明日黃花。

從產區名轉變為商品名的凍頂

凍頂，地屬「南投縣鹿谷鄉彰雅村凍頂巷」，是一塊海拔七百公尺的台地，茶園面積約三十甲。如今所謂的凍頂茶，即使用比較嚴格的定義，也還涵蓋了鄰近的永隆和鳳凰兩村，加上凍頂山所在的彰雅村，這三個村子所產的茶，才能稱為「凍頂茶」。

凍頂茶聲名遠播，鹿谷鄉其他的村里，像廣興、初鄉、秀峰、瑞田、竹林、竹豐、和雅等地的茶園不斷擴充，對外也都稱凍頂茶。推而廣之，其它鄉鎮甚至其它縣市，舉凡凍頂型的烏龍茶，也都自稱為凍頂茶。凍頂兩字的涵義，從產區名，延

●鹿谷鄉永隆村
麒麟潭，舊名大
水窟。俗諺「凍
頂醃缸，大水窟
茶」，這是凍頂
附近茶區所產的
茶，以凍頂之名
行世的開始。

伸為商品名。

　　所謂凍頂型烏龍茶，是指半球型的半發酵茶。典型的凍頂茶
採收成熟度較高的對口芽，萎凋和攪拌的程度較重，發酵程度
較足。在製茶機械化之前，以腳踩的方式進行布球團揉，條索
稍彎而緊結，成半球型如蝌蚪狀。茶乾呈黃鱔色而油亮，茶湯
金黃，以滋味取勝而香
氣內斂沈穩。

●正港的凍頂山
茶園。唯有遵古
法製造的凍頂
茶，茶湯顏色金
黃味道甘醇，帶
有一股「凍頂
氣」。

　　市場稱之為「凍頂
氣」，是指其產地香。
茶業改良場稱之為「凍
頂型烏龍茶」。

　　凍頂山上那三十甲茶
園產能有限，山腳下的
永隆村，位於舊稱「大水窟」的麒麟潭邊。凍頂人自產的茶賣
完了，便找永隆的親友去要。當地人說「凍頂醃缸，大水窟
茶」，就是凍頂茶的定義開始稀釋的濫觴。

古典凍頂厚重深濃的滋味何處可尋？

名氣既然響亮，鹿谷鄉的評茶比賽便愈來愈白熱化。每年春冬兩季，參賽者多達四五千點，是全台最熱絡的比賽。從茶改場魚池分場禮聘而來的評審大官，帶著他們紅茶界那種著重外觀的習性，以及官大學問大的中國作風，迅速地滲透茶區。比賽的等第攸關價格的高低，特等獎常有四萬元以上的產地價，茶農心知肚明，沒有人會和鈔票過不去。為了逢迎評審的口味，茶葉的採收便愈來愈嫩，萎凋、攪拌、靜置等發酵過程愈來愈短，為的是更方便將茶乾揉成細緻的，外型緊結可愛的小圓球。於是評審滿意了，茶農收入增加了，市場口味改變了。其結果，是「凍頂型烏龍茶」的陣亡。

緊接著，高山茶區興起，芽葉採得更細，午後山區起霧，萎凋更加不足，半發酵烏龍茶的氣息，愈來愈向不發酵的綠茶靠攏。市場的買氣逢「高」承接，愈高愈妙，海拔才七百公尺的凍

●正港的凍頂坪山茶園。

頂，逐漸被天價的高山茶比下去。凍頂人窮則變變則通，下焉者到高山買茶，以自家凍頂茶的名義參賽；上焉者乾脆遠赴高山，投下重資自闢茶園。其實，高山茶有股常人都能分辨的特殊氣息，不必有評審的功力也都喝得出來。混充的高山茶在鹿谷參賽，卻能屢屢得獎，可見評審對於古典凍頂氣息的峻視，

已到了棄如破鞋的地步。而凍頂茶人隨波逐流，凍頂茶便在高山壓頂之下，沒頂了。

凍頂茶區，民風較保守，他們受制於比賽和市場需求，恐怕很難突破。古典的凍頂茶，只能去找白髮老茶農，到他茶間裡的醃缸去找。凍頂兩字，在市場雖受限於高山茶，但仍有餘威。只是愛茶的消費者，不要迷信茶商嘴裡的字眼，一定要先試喝。要知道，即使都在鹿谷鄉境內，但有海拔八百公尺的鳳凰村台大實驗林茶園，也有不到一百公尺高的瑞田，那裡的茶園是水田轉作，滋味先天就較淡薄。更何況今天的茶市場上，烏龍兩字幾乎被凍頂取代。你要喝茶，喝烏龍茶，喝正港凍頂烏龍茶嗎？難矣，真同情你也！

南投縣─鹿谷鄉

◎ 茶區簡史	凍頂是早期全台四大茶區之一，歷史悠久名聲最噪，「凍頂」兩字，甚至成為烏龍茶的代名詞
◎ 茶區分布	彰雅、永隆、鳳凰、廣興、和雅、初鄉、瑞田、清水、秀峰、竹林、竹豐
◎ 地形地質	凍頂台地：黃壤土，海拔700m，鳳凰山800m；水田轉作者多沙質壤土
◎ 主要品種	青心烏龍、金萱、翠玉、少量四季春
◎ 茶作管理	人工集約管理；手採；小型加工廠
◎ 製程特徵	凍頂型烏龍茶
◎ 產期產季	四月初到十一月中旬，年收五季
◎ 商品名稱	凍頂烏龍茶
◎ 市場行情	☆☆☆☆★★★☆☆☆
◎ 商品評介	特殊的品種香和產地香，多年來普遍為消費者追求，如今風味多已因嫩採、發酵不足、過度追求外型而流失
◎ 交通狀況	台3線經竹山往溪頭方向進入
◎ 農特產品	竹筍和加工品
◎ 著名景點	麒麟潭、開山廟、鳳凰鳥園、溪頭風景區

13. 資本主義・松柏
   長青——南投名間茶

是全台產量最大、品質最一致，也最具經濟規模的茶區，
許多茶人都出自名間，
他們對新機械和新技術的導入，也總是一馬當先。
四季春、金萱、翠玉是主要茶種。

●蔣經國「賜名」松柏長青的名間鄉茶園。

南投縣名間鄉，是名符其實的茶鄉。茶園面積兩千五百甲，全台單一鄉鎮栽培面積最大，年產量一萬噸，占全台總產量一半。名間人種茶、做茶，也長於茶葉買賣。聞名茶界的「北華泰南坤海」，其中的南霸天謝坤海，便是名間人。他的生意胃納很大，再多的茶交給他，也如「填海」一般，被吸收得無影無蹤。

名間位於南投市南邊，地處八卦山脈南端的紅土丘陵，土壤肥沃，水量充沛而排水良好。位於松柏嶺上的道教聖地「受天宮」，除了陰曆七月之外，全年香客如雲，廟前的大街上開滿茶行，交投熱絡。可惜在二○○○年，初夏的一場大火，只來得及救出三尊主神，留下燻黑的外牆結構，廟裡的木作部分都

付之一炬。不過名間人不愧是名間人，浴火重生依然健旺，受天宮已然重建，每年春節到農曆三月初三玄天上帝生日之前，兩側夾道賣茶的、賣香的，香火依然旺盛。

松柏嶺，當地人稱松柏坑，早期茶園種植的最高點是埔中村，對外以埔中茶為名。蔣經國品嘗之後，御賜「松柏長青」之名，造成全台風靡。茶園急速擴充，原來的相思林，和栽植鳳梨、甘蔗的旱地，逐漸被茶園吞噬，茶園面積在九〇年代達到最高峰，近年來才有停滯的現象。

全台的茶葉集散中心及茶價資訊中心

名間是老茶區，早期品種繁多，以青心烏龍、青心大冇和武夷為主。自八〇年代起，青心大冇因為價格不高，首先被剷除，改種高產能的新品種，金萱和翠玉。接著又把武夷挖掉，甚至樹勢不好的青心烏龍也被清除。名間人認為青心烏龍是晚生種，產期慢又嬌貴而不好伺候，不如改種一年六收的四季春。如今該地便以四季春和金萱、翠玉鼎足而三。

名間茶人講究量產，又因熟悉全台市場，勇於投資和創新。該處地勢平坦，茶園的更新與開溝種植，較易引用怪手和耕耘機，甚至中耕、除草、噴灌、打藥、施肥，到採收、製作、揀枝，名間人都不惜重資購置機械和廠房。目前日產量六百公斤以上的茶廠比比皆是，連設備昂貴的揀枝廠也有三十家之多。名間茶區機械化的程度全台最高，單單揀枝機械設備，估計投資額

● 機械採收茶菁。名間人在茶葉製程的機械化投資上，為全台之冠。

就超過六億新台幣以上。並且近年來名間產製分離的特色越來越明顯，茶農只管生產，茶菁全交給大型茶廠加工製作毛茶。

名間茶的特色，所謂的松柏長青，用來指其充滿資本主義精神的拼勁，恐怕更為傳神。早年名間謀生不易，有限的土地不足養活愈來愈多的人口，名間人到各地當伐木工人，蹤跡遍布三大林場。如今阿里山遊樂區的飯店餐館，不少是名間人經營的。而名間的茶商，到處衝州撞府，名號響亮，十多年前春冬茶採收的季節，如果在名間小路上，看到茶界龍頭，天仁茶行的李瑞河老闆，騎著腳踏車來來去去，一點都不奇怪，因為李老闆正是名間人。

名間人勇於大膽選用高產能的新品種。金萱、翠玉和四季春的大量種植，都從名間開始；新機械和新技術的導入，名間也總是一馬當先。它的產量高製茶效率快，今天採收的茶菁，連夜做好明天即已上市。而外出的子弟又深入收集販售各地茗茶，全台茶商一半以上是名間人，使名間成為全台的茶葉集散中心，以及茶價資訊中心。

走出自己的特色，才能「松柏長青」

百年歷史的名間茶，儼然有松柏長青的氣勢。老一輩的茶農猶津津樂道古早的軼事，像安溪來台的老師傅王德，他傳下來的功夫是清香型，茶湯蜜黃，有如包種的製法；另一位後來退居迪化街的老師傅，九十多歲仙去的王泰友，他的茶湯色金黃，滋味厚重。名間的老人家說，當年兩位師傅把茶做好，就開始鬥茶，大家都說王德的茶清香，而王泰友喉韻好。

可惜這般好景同樣在「綠茶化」的比賽茶趨勢下，日漸式

微。一味追求時尚的名間茶，只有海拔四百公尺的高度，如果僅能學步，要如何與高山茶競爭。雖然比賽場次全台最多，也只更加速古風的衰頹而已。近來更有不肖人士，假民間團體的名義，販賣子虛烏有的比賽等第。茶農付出「包裝費」，他便按價碼高低，印製各等級的封條進行包裝，和賣官鬻爵何異！自九〇年代晚期以來，茶園面積不漲反縮，夏天裡茶園不採收，進行「留養」的時候，名間的男女必須出外，到高山茶區去採茶、製茶，彌補季節性的萎縮。這是茶業危機的警訊，名間這個全台第一茶區，已面臨求新求變的瓶頸，素有資本主義精神的名間人，是否該開始動腦筋了呢？

●新栽茶園。隨著松柏長青茶的風靡全台，名間茶園在十幾年間迅速地擴展。

南投縣—名間鄉

◎ 茶區簡史	舊名埔中茶，是全台四大茶區之一，一九八〇年代由蔣經國改名「松柏長青茶」，是全台單一鄉鎮茶園面積最大、產量最多占全台一半
◎ 茶區分布	埔中、松柏、松山、三崙、新厝、錦梓、竹圍、中山、大庄、田仔
◎ 地形地質	八卦山脈南端，地勢平坦；紅壤土、酸性壤土；海拔300-400m
◎ 主要品種	四季春、青心烏龍、金萱、翠玉、武夷
◎ 茶作管理	企業化集約經營，機採，產製漸分離
◎ 製程特徵	中大型化加工廠，機械化程度高，揀枝亦已機械化
◎ 產期產季	全年無休，年收六季
◎ 商品名稱	松柏長青茶
◎ 市場行情	☆☆☆★★★☆☆☆☆
◎ 商品評介	機械化產製，量大，價格合理，滋味香氣不俗
◎ 交通狀況	台3線經南投市，或由二水田中進入
◎ 農特產品	鳳梨、生薑、山藥、狗尾草、白柚、濁水米
◎ 著名景點	受天宮

14. 自溪埔種到山頂
——南投竹山

竹山鎮的茶園從溪畔到高山都有，海拔的落差是全台單一行政區之冠。
低地多種金萱、翠玉，高地多種青心烏龍，
如今名頭已響的高山茶區杉林溪茶，品種更清一色是青心烏龍。

　　最早的竹山茶，種在照鏡山。八〇年代初期，當地人將田裡的蕃薯剷掉，改種新發表的品種，金萱和翠玉。照鏡山的茶菁，一部分送到名間鄉加工，掛上炙手可熱的，「松柏長青茶」的名頭出售。另一部分茶菁則運往凍頂，身價更是不凡。當然其間的利頭，並不都回饋到實地照管的茶農身上。

●竹山中海拔茶園。照鏡山茶業的成功，讓竹山的茶園迅速擴展。

照鏡山早期即有圳水可以灌溉，比起當時仍看天吃飯的鹿谷和名間，占了「不虞天時」的便宜。它海拔不高，加上水源豐沛，茶樹終年發育良好，早春與晚冬時節，全台茶區青黃不接之際，照鏡山都在採收，占了商機之利，即使是依附在外鄉盛名之下的無印良品，照鏡山的茶菁，產地售價其實不壞。

好聲名傳得快，竹山的茶園迅速往四面八方擴展。低海拔的水田，氣溫高，灌溉良好，到十一月底仍可採收。茶種以金萱、翠玉為主，新墾的幼木茶園，滋味厚香氣足，比賽時屢獲佳績，又鼓勵更多的水田轉作。茶園往低處伸展，到了濁水溪岸邊平原的後埔、社寮都有，只是未免太低了一些。

茶園也向高處攀升，中低海拔的延平、延山也種起來。溫和的氣候和良好的灌溉系統，使它們和照鏡山一樣，以早春和晚冬填補市場空檔，茶菁售價一直不俗。同樣的情況，再往南延伸到瑞竹、大鞍、流藤坪和山坪頂，種的多是金萱，產量也高。

●竹山鎮的淺山坡地茶園。

茶園愈升愈高，過了溪頭再往上走，羊頭彎已有茶園，再往上到龍鳳峽，海拔一千六百公尺，就是有名的高山茶區——杉林溪茶的產地。那裡茶園裡清一色是青心烏龍。高山茶的品質經測試證明，並不與海拔高度成正比，但市價卻忠實地予以反映。杉林溪茶的零售價在三千至四千元台幣以上，也就不足為奇了。

十多年的拓展，竹山鎮的茶園從溪畔到高山都有，海拔的落差是全台單一行政區之冠。其品質和售價的差距自然也大，貴賤間差異在五倍以上。一般說來，如果茶園的海拔比鹿谷低，就當凍頂茶來賣；比鹿谷高的，則自封高山茶。真正打響自己名號的，還是只有杉林溪茶而已。那裡的行政區劃分是「竹山

●杉林溪龍鳳
峽。

鎮大鞍里第一鄰」，而
且青心烏龍是當地單一品
種，所以如果在市面上看
到杉林溪的金萱茶，你就
知道那是子虛烏有的事。

　　除了產茶之外，竹山
鎮，顧名思義，盛產孟宗竹和桂竹。在竹林村仍有全台聞名的
冬筍交易市場，竹山鎮上也有「筍市」。冬筍以低海拔出產
者，纖維較硬，有冬筍的嚼勁；海拔過高的話，筍雖然較大，
但質地較「粉」，風味不足。這是遊竹山不可不知的「tip」。

南投縣—竹山鎮

◎ 茶區簡史　　一九八〇年代初期，照鏡山最早發展，下至濁水溪邊的水田，
　　　　　　　上至境內高山都有茶園
◎ 茶區分布　　照鏡山、後埔、社寮、瑞竹、大鞍、流藤坪、山坪頂、杉林溪
　　　　　　　延平、延山、羊頭彎、龍鳳峽
◎ 地形地質　　水田轉作者多沙質壤土，山坡地為礫質壤土，紅、黃壤土，土
　　　　　　　壤結構最多元；海拔100-1700m
◎ 主要品種　　青心烏龍、金萱、翠玉、四季春和少量佛手
◎ 茶作管理　　人工集約管理，少量機採，大部分手採，中小型加工
◎ 製程特徵　　球型烏龍茶
◎ 產期產季　　平地全年可採，坡地年收四季
◎ 商品名稱　　竹山：竹山烏龍茶、杉林溪茶
◎ 市場行情　　中低海拔：☆☆☆★★★★☆☆☆
　　　　　　　杉林溪：　☆☆☆☆☆★★★☆☆
◎ 商品評介　　產地多元複雜，水田、中低海拔、高海拔產季不同，品質和價
　　　　　　　格差異亦大，購買時應注意分辨
◎ 交通狀況　　台3線南北可達，茶山上無公共交通工具
◎ 農特產品　　竹筍及其加工品、竹製品、地瓜、甘蔗
◎ 著名景點　　杉林溪風景區

15. 茶鄉遍地——南投縣

南投十三個鄉鎮都產茶，
南投市「青山茶」是名間松柏茶區的延伸，
中寮、國姓則屬新興茶區，特色尚不明顯，
埔里、魚池早年興盛的外銷紅茶，近已勢微……

　　南投縣十三鄉鎮都產茶，草屯鎮較少，只在坪頂有些茶園，此外都各有特色。南投市的茶區，一邊是山一邊平地。山是八卦山脈的南端，海拔將近四百公尺，紅壤土，是名間松柏茶區的延長。原先雜作荔枝、鳳梨、芋仔、蕃薯，至八〇年代初期才逐漸開闢茶園。茶農只生產茶菁，交給松柏區的茶廠去做，到八〇年代末才漸自行設廠，以「青山茶」為名行銷。茶園面積目前只剩兩百公頃，種植金萱、翠玉、四季春、青心烏龍等品種。八卦台地地勢平坦，適合機採，茶園更新較快，但有過度施肥的現象，而且以量產為主力，單位售價不高。

　　近年來有轉作的現象，已流失了三成的面積，改種新品種的鳳梨和嫩薑。事實上台灣市面的紅土嫩薑，大多為名間和南投所

●南投茶區遲至八〇年代末期，才自行設廠，在市場上以青山茶為名行銷。

產。夏季茶園留養時到該區走走，就會發現人都蹲到嫩薑園裡去了。

新興茶區的中寮、國姓

中寮一地，本來籍籍無名，九二一地震死傷無數，是災情最慘的地區。它的茶分布在兩處，其一位於二尖山，在集集大山北面，海拔六百到一千兩百公尺都有，是由原本的孟宗和桂竹轉作而成，有金萱、翠玉、四季春等品種，約一百公頃，以「二尖茶」之名行於市面。另一處低海拔茶園在挑米里附近，

●典型的紅壤土茶園。至八〇年代，南投市的茶區才逐漸開闢茶園種茶。

量小而依附在二尖茶名下。　中寮算新茶區，八〇年代後期才開始種植，香氣一般，滋味甘甜，苦澀度不高。做茶技術仍有加強的餘地。

國姓鄉位於南投縣北面，由草屯往埔里的中潭公路半途。以柳丁、枇杷、檳榔著名。九二一時因為九份二山全垮，反而使國姓鄉成為新的觀景點了。國姓的茶園就分布在九份二山正對面，只隔一條小溪的北山坑。它不在斷層上方，地震時毫髮無損。此地之所以種茶，有個相當傳奇的掌故。

話說雲林縣古坑鄉桃源村，舊名半天寮地方，有位李海智先生，以兼營農商為生，經常奔走四方，見多識廣。他聽說謝東閔下令要禁止檳榔，處罰亂吐檳榔汁時，靈機一動，知道千載

難逢的機會到了。檳榔之為台灣口香糖，早已根深柢固，不可能禁絕。於是他逆勢操作，到處標會借錢，再遍訪各檳榔園，要求承包。

●國姓鄉北山坑茶區，多為土層深厚的紅壤土。

種檳榔的農家正苦於生路即將斷絕，聽說有這麼一個「盤仔」，都暗自竊喜，紛紛求他承包久一點。他也毫不客氣，到處簽下長達十二年的合約。沒想到才第二年，就不出所料，禁令形同廢紙，檳榔照樣大賣，而他本錢已經回籠，往後的十年通通都是淨賺。也有人心裡不服，打算偷割他承包的檳榔。一般人採檳榔，並不像早年流行歌曲唱的那樣：「哥哥在樹上採檳榔，妹在樹下陪你採啊……」那是騙城裡人的，其實都是「竹篙ㄅㄠ丶菜刀」，站在樹下割取。偏偏李家的兒子生肖屬猴，最擅爬樹。他爬上每一棵檳榔，用鐵絲把整叢果實綁住，再怎麼割也掉不下來。

就這樣他家父子作了十年的無本生意，簡直賺翻了。有天李海智來到國姓鄉澀仔坑之處，看那裡十分順眼，居民卻無心耕種想要外移，他就傾全力買土地，一共收購了五、六十甲。

當地海拔一千到一千兩百公尺，種檳榔嫌太高，紅壤土上作物也長不好，冬季又有霜害，他於是決定種茶，選了青心烏龍、金萱、翠玉等等。另外還有他的茶園裡自然雜交的「綠觀音」，是李海智自己命的名。特色是早芽種，可惜味較苦澀。

●埔里的地理中
心碑。日本時
代，埔里曾是
「日月紅茶」的
重鎮。

澀仔坑的海拔雖
高，但是山太
淺，離中央山脈
還有一段距離，
高山特有的「寒
氣」不明顯，但
在市場上，還是
以高山茶的名義
販售。 比較起來，李海智以一人之力造成一個新興茶區，才是
此地的傳奇之處。除此之外，長流村一帶，舊名水波流，也有
少量栽培。此地靠近埔里，早期也是紅茶產區，不過都只交茶
菁到埔里或魚池的茶廠。

九二一之前的埔里真是人間仙境，說不出的山清水美、風調
雨順。來自四方的文人雅士，富貴退隱的社會賢達，紛紛到埔
里置產落戶。可惜地震之後，這個神話般的國度，近乎破滅。

埔里產甘蔗，因為沒有颱風，長得又挺又直，又脆又甜；埔
里的水好，公賣局在那口湧泉的出口抽水釀製紹興；埔里的花
比別處香，埔里的美女，自張美瑤以降，令全台的男子垂涎不
已；此外，它的茭白筍、宣紙和蝴蝶也都聞名。而且也曾是台
灣外銷紅茶──久享盛名的「日月紅茶」的重鎮。

可惜紅茶大都拔光了，著名的「東邦紅茶」公司已經停工。
分布在大坪頂的茶園，都已改種烏龍，以機械採收作業，總共
有數十甲地，可惜和其他茶區相較，名聲不如日本時代的紅茶
那麼響亮。

魚池鄉在埔里隔壁，名氣並不大，因為都被它境內的「日月

潭」蓋住了。所謂日月紅茶，指的就是日月潭邊，魚池鄉所產的茶。日本時代在此地設立「紅茶試驗所」，因為根據地質和氣象調查，此地的風土，和印度阿薩姆相近，可見其重要性於一斑。如今試驗所改名為茶改場魚池分場，場裡的官員仍然左右著比賽茶的品味。對烏龍茶的嫩芽化與綠茶化，應負大部分的責任。

紅茶需大量生產，在一定的經濟規模以上，才有存活的可能。當年的日月紅茶，品質相當好，是外銷創匯的重要作物。魚池的外銷紅茶曾一度蕭條，雖然目前仍有紅茶生產，著名的台灣農林公司和吉臣茶廠也還在，但比起從前的風光，仍是大不如前了。不過在九二一之後，魚池鄉茶改場推出一款新品種紅茶「台茶十八號」，市場通稱為「紅玉」，製成「森林紅茶」、「澀水紅茶」兩種以產地為名的品牌紅茶，做為重建家鄉的商品，淡淡的薄荷香及肉桂香，相當受到市場歡迎，魚池鄉的紅茶產業似乎露出一線生機，但結果究竟如何，還需接受時間的考驗。

●日月潭畔的茶園，所產的茶即日月紅茶。

南投縣—南投市

◎ 茶區簡史　　是松柏茶區的延長，一九八〇年代未期才自行設廠加工
◎ 茶區分布　　橫山、施厝坪
◎ 地形地質　　八卦山南端台地，紅壤土，海拔300-400m
◎ 主要品種　　四季春、金萱、翠玉、青心烏龍
◎ 茶作管理　　機採，同松柏茶區
◎ 製程特徵　　機械化，同松柏茶區
◎ 產期產季　　全年無休，年收六季
◎ 商品名稱　　青山茶
◎ 市場行情　　☆☆☆★★★☆☆☆☆
◎ 商品評介　　機械化產製，量大，價格合理，滋味香氣尚可
◎ 交通狀況　　台3線，或經員林、芬園進入
◎ 農特產品　　鳳梨、生薑、山藥、狗尾草、白柚、濁水米
◎ 著名景點　　八卦山景點

南投縣—國姓鄉

◎ 茶區簡史　　新興茶區，部分為高山茶園
◎ 茶區分布　　長流、北山坑、澀仔坑，就在九份二山對面
◎ 地形地質　　淺山型高海拔山坡地；紅、黃壤土；1000-1200m
◎ 主要品種　　青心烏龍、金萱、翠玉，「綠觀音」是田間自然雜交的品種
◎ 茶作管理　　人工集約管理；手採，靠外地茶工師傅；小型加工廠
◎ 製程特徵　　球型烏龍茶
◎ 產期產季　　四月中到十一月中，年收四季
◎ 商品名稱　　北山茶或通稱高山茶販售
◎ 市場行情　　☆☆☆☆★★☆☆☆☆
◎ 商品評介　　淺山型高山茶，日夜溫差不夠大，採工不易召集，典型的菁味
　　　　　　　高山茶
◎ 交通狀況　　中潭公路往九份二山方向進入，九二一之後路況不良，需四輪
　　　　　　　傳動車
◎ 農特產品　　甜柿、桶柑、柳橙、梅子、檳榔、枇杷
◎ 著名景點　　九份二山劫後景觀

南投縣—中寮鄉

◎ 茶區簡史　一九八〇年代後期開始種植的新茶區
◎ 茶區分布　二尖山、挑米里
◎ 地形地質　二尖山是山坡地，海拔600-1200m；挑米里為台地，300m；
　　　　　　俱為沙質壤土
◎ 主要品種　青心烏龍、金萱、翠玉、四季春
◎ 茶作管理　人工集約管理、手採、小型加工廠
◎ 製程特徵　半機械化製造，球型烏龍茶
◎ 產期產季　四月中旬到十一月中旬，年收四季
◎ 商品名稱　二尖高山茶
◎ 市場行情　☆☆☆☆☆★★★☆☆
◎ 商品評介　量少，市面流通不多，品質尚可
◎ 交通狀況　由南投市進入，九二一之後，路況不佳
◎ 農特產品　檳榔、白柚、柑橘、柳橙

南投縣—埔里鎮、魚池鄉

◎ 茶區簡史　日本時代即為著名紅茶產區，設有「紅茶試驗所」，戰後仍風
　　　　　　光一時。近來已失去國際競爭力，僅剩兩家茶廠苟延殘喘中
◎ 茶區分布　埔里：大坪頂；魚池：五城
◎ 地形地質　平坦台地；紅壤土，海拔400-1000m
◎ 主要品種　阿薩姆大葉種，青心烏龍、金萱、翠玉
◎ 茶作管理　紅茶行粗放作業，機械化製造；烏龍茶是小型集約經營
◎ 製程特徵　紅茶以碎型為主
◎ 產期產季　四月到十一月
◎ 商品名稱　早期以「日月紅茶」聞名，現有「森林紅茶」、「澀水紅茶」
◎ 市場行情　生產供拼配加工用的紅茶及台茶十八號「紅玉」
　　　　　　紅茶：☆☆☆☆☆☆☆★★★☆
　　　　　　烏龍茶：☆☆☆☆☆★★★☆☆☆
◎ 商品評介　新品種紅茶。烏龍茶流通少，依附高山茶的通稱之下
◎ 交通狀況　由中潭公路進入
◎ 農特產品　茭白筍、蘿蔔、香菇、甘蔗、百香果、檳榔、柑橘、鹿茸、
　　　　　　紹興酒、花卉
◎ 著名景點　日月潭、鯉魚潭

16. 高山連綿·茶園點點——南投仁愛鄉

仁愛鄉的茶園都位於中央山脈深處，
終年溫度低，溫差大，春茶要到四月底五月初才收，偏偏當時又多雨。
它的冬茶大多在十月下旬就採，只能算是晚秋，缺乏明顯的冬茶氣息。
除了天仁企業經營的霧社天霧茶、盧山天盧茶，
其他均以一般通稱的高山茶行走於市。

　　幅員遼闊的仁愛鄉，面積足足有彰化縣那麼大。它深藏在縹遠的中央山脈高處，複雜而艱難的地形，導致它的茶區細小、分散且獨立，並擁有各自的微型氣候條件。由埔里往東，良久、武界、大同山、東眼山、奧萬大、紅香、平靜、霧社、春陽、盧山、翠峰、翠巒都產茶，而且都屬高山茶。即使其中像紅香等地的茶園，海拔八百至一千六百公尺，但因位於中央山脈深處，仍為高山型的氣候區，做出來的茶，依然「寒氣」逼人。整個仁愛鄉所產，對外多以「高山茶」通稱，擁有產區名號的，只有霧社的天霧茶，和盧山的天盧茶。

●霧社東眼山茶園，起源於一位想讓讀農學院的兒子能夠發揮所長的林先生。

小產區的良久、武界茶區

良久茶區，自埔里入山，沿著卓社林道進入，茶園約十五甲，分布在海拔一千兩百至一千六百公尺處，多為山地保留地。由外地人入墾，種植青心烏龍，一度以良久茶行銷，但因產能太小，名號不大。武界則位於往曲冰遺址的路上，在檢查哨附近，海拔一千兩百至一千四百公尺，種植約二十甲的青心烏龍，曾有武界茶之名，如今也只以高山茶的通稱行銷。

●霧社東眼山高山茶園，由於位處深山，所產的茶寒氣逼人。

高冷蔬菜轉作的大同山茶區

沿著眉溪往霧社方向，在大同山也有三十甲茶園，同樣是山地保留地，種青心烏龍。茶農包括少數原住民，不過仍以外地漢人居多。原先種植高冷蔬菜，像青椒、蕃茄、高麗菜等等。所謂「高冷蔬菜」，聽起來有著稀珍高貴風味絕頂的浪漫，除了指涉它的產地特性之外，也夾帶豐富的促銷氣息。同樣的情況，對岸的中國人稱之為「反季節蔬菜」，其涵義卻充滿批判性。試想高山上經霜打的蔬菜，連夏季也吃得到，不是反季節又是什麼。其中的批判意味，帶著學院的氣息，只不知道萬一市場吃得起，他們種或不種。

無論如何，台灣人種了而且人人吃得口齒留香，只不過反季節的代價，是土石沖毀的家園，和千金萬金換不回的生命。從

邁進千禧年之際，我們才開始漫漫無涯的分期付款而已。

　　總之，大同山菜農，聽人說起「茶飯好吃」，紛紛拔起青菜，改種茶樹。不過茶葉生產的後段工序艱苦多了，技術水準的要求也高，不是等閒人能勝任愉快的。事實上，高山茶園平日少人看管，到了採收季節，無論是採是做，都靠外地的人工師傅。十多年前曾有名間鄉一名師傅前去做茶，趁著清早還沒有輪到班的時候，一個人離開茶間，出去走走，說要採集野蘭花，就此一去不回，到今天連屍骨都找不到。人說當地可能是日本時代，高砂族人抵抗日軍的古戰場，而這位茶師，可能被冤魂「牽」去了。看來，高山茶真難做，不是嗎？

賞楓兼品茶的東眼山茶區

●歪打正著的東眼山楓樹，為東眼山帶來一筆意外的觀光財。

　　再往眉溪的上游走去，東眼山也有茶區，它種茶的緣由有點趣味。話說有林德松者，早期為了種香菇，到東眼山承租五十至六十甲的林班地，都種上楓香，要作為培養香菇的「段木」。沒想到楓香還沒長成，香菇業就因為中國大陸來的私貨，而陷入不景氣的困境。

　　這位林先生有位公子，就讀台大農學院，為了給

兒子一個發揮所學的園地，他便在楓林的高點，闢了十餘甲的茶園，自己種也租給別人種。所生產的，自然也是青心烏龍種的高山茶。

●高山茶園的鐵觀音，生長非常良好。

　　東眼山這裡，除了茶園還有楓香，每當楓紅之季，遊客聞風而至，林先生乾脆開始收門票。看來那些楓香，簡直可以改名為「無心柳」了。至於那位令林先生興起種茶念頭的公子，並未回山務農，這又該怎麼說呢？

打出產區名號的霧社天霧茶、廬山天廬茶

　　一路深入山區，我們發現層巒疊翠之間，藏著頗富盛名的景點，像是霧社和廬山。那裡著名的天霧茶和天廬茶，是著名的天仁茗茶一手創立，可以說是仁愛鄉高山茶區的濫觴。

　　廬山、高峰、霧社一帶是南投縣農會所有的林地，租給天仁種茶。天仁承租之後，又和當地的原住民契作，由天仁提供茶苗、肥料，再回收茶菁。天廬茶和天霧茶的名號打響之後，外地的茶行前來收購茶菁，許以重利，那些契作的茶菁便私下流出去，天仁公司不免吃了暗虧。不過高利潤又帶動附近仁愛國中週邊，和望高寮一帶的大量墾殖。那些茶園多為山地保留地，茶農除原住民之外，還有承租耕作的平地人。品種多為

金萱和青心烏龍。這個茶區一直延伸到清境農場，海拔已有一千六百至一千七百公尺，是廬山和霧社一帶茶園的制高點。

此外，仁愛鄉的茶區，更向上蔓延到翠峰、翠巒一帶，當地海拔將近有一千八百至兩千公尺；往下則伸到紅香、奧萬大等後起茶區，有些茶園的海拔不到一千公尺，但是地處深山，依然「寒氣」十足。

小產區差異大，難以品牌為號召

綜合來看，仁愛鄉的茶園都位於中央山脈深處，終年溫度低，溫差大，春茶要到四月底五月初才收，偏偏當時又多雨，更是致命的傷害。它的冬茶大多在十月下旬就採，只能算是晚秋，缺乏明顯的冬茶氣息。

仁愛鄉春秋兩季的產期，比起像阿里山那樣緯度較低的茶區，顯得特別不能適應市場，也難以突顯其商品價值。分散各部落的小茶區，大都是外地人來種植，其中有些根本是專作「反季節蔬菜」的菜農轉業，在茶園管理、製茶觀念上，能力相差懸殊。尤其渴求量大，氮肥過度施用，常失去高山茶本色的香氣。難怪除了前期的廬山和霧社之外，大部分小茶區，都比不上杉林溪或梅山鄉樟樹湖茶的售價。

更有趣的是，山地保留地的使用，多年來都是打迷糊仗。有些先被劃回台大實驗林，再被國民政府強行撥給「退除役官兵輔導委員會」，交給榮民耕作，而榮民再轉租出去。也有平地人直接向原住民「價購」耕作權，雖立有字據，但無法轉移所有權。事隔多年，當高山農業和觀光業興起之後，即使偏遠如此的土地，也開始發生糾紛。

●霧社高海拔茶園。霧社不少小茶區出自山地保護地，在土地所有權，以及土地利用上，存有一些問題。

　　先有原住民組織原權會，發起「還我土地運動」。原住民要不回平地人耕作中的土地，便拿著所有權狀向農會銀行貸款，逾期不還，形成一地數賣的現象。土地糾紛時起，以致當地承租或價購權利的，「做山」的平地人，也成立了「山地鄉平地住民權益協進會」，簡稱平權會予以反制。山地鄉保留地的土地糾紛，可以說才方興未艾。這都是封建時代，有力者占地為王的後遺症，即使公權力機關掌握的土地，像福壽山農場、清境農場的問題，其實也都是一樣。

　　公權力機關的惡行，除了霸占土地，出問題時無法擺平之外，最嚴重的是帶頭犯法，完全無視於林業和保育相關法規。山地鄉雖多為林地，但沒有人在意，不但出之以火耕，而且肆無忌憚地超限利用。數十年的積弊，如今該由誰來收拾？

南投縣—仁愛鄉／東眼山

◎ 茶區簡史　一九八〇年代在楓樹林地開墾茶園，新興高山茶區
◎ 茶區分布　眉溪上游
◎ 地形地質　平坦高地；礫質壤土；海拔800-1600m
◎ 主要品種　青心烏龍，金萱
◎ 茶作管理　人工集約管理，手採，外地茶工師傅，或外地人來買茶菁加工
◎ 製程特徵　球型烏龍茶
◎ 產期產季　四月下旬到十一月上旬，年收四季
◎ 商品名稱　通稱高山茶。東眼山：東眼山茶
◎ 市場行情　☆☆☆☆☆★★★☆☆
◎ 商品評介　典型菁味重的高山茶，品質落差大，議價空間小
◎ 交通狀況　由埔霧公路進入，路況不佳，需四輪傳動車
◎ 農特產品　高山反季節蔬菜
◎ 著名景點　楓紅景觀

南投縣—仁愛鄉／霧社、廬山

◎ 茶區簡史　由南投縣農會將所屬林班地租給「天仁」種茶，茶園逐漸向高
　　　　　　低海拔伸展
◎ 茶區分布　良久、武界、大同山、奧萬大、紅香、平靜、霧社、春陽、廬
　　　　　　山、翠峰、翠巒、望高寮、清境農場
◎ 地形地質　山坡地；霧社為礫質壤土，廬山為頁岩；海拔800-2000m
◎ 主要品種　青心烏龍，金萱
◎ 茶作管理　集約人工管理；手採，外地茶工師傅，行程包制或外地人購買
　　　　　　茶菁加工
◎ 製程特徵　球型烏龍茶
◎ 產期產季　四月底到十月下旬
◎ 商品名稱　通稱高山茶。霧社：天霧茶／廬山：天廬茶
◎ 市場行情　☆☆☆☆☆★★★☆☆
◎ 商品評介　典型菁味高山烏龍茶，春茶較遲，冬茶較早，市場商機不利，
　　　　　　價格尷尬
◎ 交通狀況　埔霧公路，溫泉旅館或清境農場供膳宿
◎ 農特產品　梨子、水蜜桃、水果酒、高山反季節蔬菜，清境農場牛肉
◎ 著名景點　溫泉，草原景觀、牛羊群

17. 茶在江湖──雲林

漳湖一線，從海拔八百公尺到一千三百公尺，
由竹子改作茶，並與休閒產業結合。
特色是春茶採收很早，三月下旬採收，清明節前就上市了，
多為青心烏龍及金萱。

「礐仔」，用來浸泡竹子。竹子泡得又軟又爛之後，打成紙漿做金紙。雲林縣古坑鄉樟湖村，海拔約八百公尺，它的制高點就叫做「五個礐仔」，不過四週不是竹林，二十年前就改作茶園了。當時的竹價開始敗市，竹林又染上「天狗巢」症，眼看就要無以為繼了。樟湖和更早就種茶的梅山鄉有地緣關係，茶種和製茶技術很快地引進。

為了開闢茶園，竹林砍倒了，鋤頭深深地掘入軟土，竟然挖出不少槍彈。這些遺址遺物並不太古老，不曾被列為古蹟，倒是勾起村裡老人家不少塵封的記憶。古坑地形險惡，居民個性強悍，二二八時曾對抗國民黨官兵，也有很多平地的流亡者逃到那裡。蕭蕭的竹林裡原有飄忽的魅影，多年之後都化為熱茶上的輕煙，和閒坐時的談興。其實，更早在日本時代，附近就種過紅茶，在倖存的竹林深處，偶然仍有大葉種茶樹的蹤跡，只是它們被忘得更淡了。

樟湖一線海拔較低的華山、桃源，原先種柑橘，如今是平台階段型的茶園。較高處則是草嶺，石壁等村，海拔有九百至一千三百公尺。這一帶原先也都種竹子，舉凡做鷹架的孟宗

●古坑鄉石壁茶園，多種青心烏龍和金萱。

●古坑鄉樟湖茶園。茶業的成功，讓茶園迅速擴充，並朝向觀光化發展。

竹、桂竹，或者做筍乾的麻竹都有。村裡的土地大都是屬於雲林縣政府的「經濟農場」地，由茶農納租經營。

　　一九八〇年代，還不曾種茶以前，這幾個偏遠的村落只有老人和學齡前的幼童，國中以上的少年都下到古坑鎮上住校，當完兵的男子更是一去不回。但是茶園興起之後利潤可觀，又需要密集的勞力和技術，青壯外出的子弟便紛紛回籠。以樟湖村為例，從原來的二十甲茶園，逐漸擴充到八十甲，隨後又往觀光化方向多元發展。如今家家戶戶都在斗六、古坑鎮上置產，學齡兒童有兩個家可住，走起路都有風了。

　　草嶺的情況和樟湖類似，名氣甚至還要更大。鄉裡多種金萱，草嶺某觀光飯店，就有名喚「金萱樓」的建築，可看出茶農如何由種茶起家，又配合休閒風氣的興起，朝向多角化經營的跡象。不過如今草嶺最著名的景觀，卻是因九二一而生出的堰塞湖，它像一頭面目猙獰的巨獸，虎視眈眈地蹲踞一旁，隨

時要將附近的一切吞落腹底。島上不穩定的地質，禁不起人為的蹂躪，草嶺人的感慨應是別有心酸吧。

古坑鄉沿線，地勢險惡，大石密布，是必須靠人工採收的困難地形。多種青心烏龍和金萱茶，特點是春茶收成很早，三月下旬採收，清明前就上市了。此地有大型遊樂場，古坑茶便因而命名為「劍湖山茶」。

雲林縣境內，另有清水溪畔，海拔三百公尺的林內鄉坪頂村，屬機採茶區，量與質都有限，大都因地緣關係依附於竹山、凍頂名下。再往平地是古坑、斗六等市鎮，一線到海都是平地的農業區了。這裡的民風和山線同樣強悍，聲名遠播縱貫線沿路。

不過他們不種茶，講究的或許只是，在論天下角頭英雄時，泡一壺好茶，涵養幾分情義吧。

●古坑茶區多巨石，是只能靠人工採茶的困難地形。

●所費不貲的階段平台茶園。

雲林縣—林內鄉

◎ 茶區簡史　　一九八〇年代開始種於坪頂
◎ 茶區分布　　坪頂
◎ 地形地質　　八卦山南端，紅壤土，海拔350m
◎ 主要品種　　青心烏龍、金萱、翠玉、四季春
◎ 茶作管理　　機械化經營，手採機採並用，中小型加工廠
◎ 製程特徵　　球型烏龍茶
◎ 產期產季　　三月底到十一月底，年收四季
◎ 商品名稱　　林內：雲頂茶
◎ 市場行情　　☆☆★★★☆☆☆☆☆
◎ 商品評介　　量少，依附於凍頂茶名下販售
◎ 交通狀況　　由斗六進入，無公共交通工具
◎ 農特產品　　竹筍及其加工品、竹製品

雲林縣—古坑鄉

◎ 茶區簡史　　一九八〇年代由華山村開始種植，逐漸往高地拓展
◎ 茶區分布　　華山、桃源、樟湖、草嶺、石壁
◎ 地形地質　　山坡地，少量水田轉作；礫質壤土；海拔400-1500m
◎ 主要品種　　青心烏龍、金萱、翠玉、四季春
◎ 茶作管理　　人工集約管理，手採，當地或外聘茶工師傅，小型加工廠
◎ 製程特徵　　球型烏龍茶
◎ 產期產季　　四月上旬到十一月下旬，年收四至五季
◎ 商品名稱　　古坑：劍湖山高山茶
◎ 市場行情　　☆☆☆★★★★☆☆☆
◎ 商品評介　　海拔和天候差異大，屬困難地型，品質懸殊，中低海拔的價格尷尬
◎ 交通狀況　　由竹山，沿149號公路進入，無公共交通，需自行開車前往
◎ 農特產品　　竹筍及加工品，竹製品，柑橘，柳丁
◎ 著名景點　　草嶺堰塞湖

18. 高山茶區的濫觴
——嘉義梅山

梅山是台灣最早的高山茶區，紅極一時，
八〇年代之前，是市場上高山茶的代名詞，
梅山瑞里的「龍珠茶」，更是市場上烏龍茶嫩採的發端，
如今一山高過一山，茶區好景已不如前。

　　嘉義縣梅山鄉龍眼林，海拔一千兩百公尺以上，一九七五年
引進茶苗，是台灣標高一千公尺以上，最早期的高山茶區。但
我們說的「濫觴」，卻還要早個數十年。時當日本時代，鄉裡
就種過「蒔茶」，那是和屏東滿州鄉的「港口茶」一樣，以種
子直播，在竹林裡粗放的茶樹。做成毛茶之後，鄉人不避道路
險阻，擔下山去賣。如今事過境遷，偶然在當地的桂竹林裡，
還能看到廢耕茶園的遺跡，和野化的茶樹。

　　所以說，往者已矣，今天梅山茶的故事，大約要從七〇年代
初講起。在那之前，梅
山一帶種的是孟宗竹和
桂竹，用來搭鷹架。但
就像其他很多產業的變
遷那樣，一句「好景不
長」，道盡了營造廠改
用金屬鷹架，帶給竹林

●梅山茶區，景
緻怡人。

業者的壓力。龍眼林社區理事長林允發，走了一趟鹿谷，看人家起高樓貼磁磚，比起自家的竹片泥巴牆，實在不可同日而語。俗話說，有樣學樣，無樣自己想。鹿谷大水窟的永隆社區，海拔六、七百公尺，種出茶來彷彿擁有另一片天，自家龍眼林的風土也不差，何不辦幾株茶苗回去試試？

●樟樹湖茶區所產的仙葉茶。

●梅山碧湖社區。隨著龍眼林的成功，鄰近的社區也開始紛紛種起茶。

他心到手到，劍及履及。一九七五年，龍眼林把竹林清除，在有機質含量豐富的土裡插了茶苗。隔年，一夥人隨著政府辦的社區觀摩團，拜訪鹿谷鄉永隆村模範社區，在這個凍頂茶聖地，學了製茶的功夫。一九七八年，梅山的青心烏龍上市了，它沖出來的一股高山清新之氣，使得「龍眼林」茶立刻廣受好評。隨著龍眼林的起家，附近的碧湖、瑞峰、瑞里、太和、大興和後進的樟樹湖，也紛紛響應。在八〇年代中期之前，梅山茶已是市場上高山茶的代名詞。

它早期的風光，是由占據制高點而來。但因產地坡度陡峭，土壤及養分易於流失；而高難度地形，也使得工資和管理費用居高不下。更雪上加霜的是，新興的高海拔茶區，像阿里山、廬山、霧社等地，次第開發出來，真正是一山還有一山高，充分迎合了泡沫經濟社會裡，喜新厭舊的風氣。梅山

茶的「高度」被比下去，行情自此看跌矣。並且為了讓阿里山茶的名氣更響亮，日前嘉義縣政府把所有嘉義縣所產的茶都稱做阿里山茶，以後所有的梅山茶都將稱為阿里山茶，梅山茶的名號將只存在在較小的地方了。

如今去到梅山茶區，原先還間雜其中的竹林與杉木都不見了，園子裡兼種好價錢的檳榔。檳榔樹冠小，不能替茶樹遮蔭，也擋不住雨水沖刷，保不了林下的土質。

最近檳榔也開始勢微，有部分就開始造林，農民環境意識抬頭，不久的將來，土質的問題可能會有所改善。

梅山茶，春冬兩季的收成，尚有一千六至兩千元台幣之間的行情。其中的瑞里村，特別有個「龍珠茶」的名號。瑞里人也是個「濫觴」，是高山茶區採摘「幼齒」嫩芽的始作俑者。細小的茶芽，經充分揉捻，成一顆顆

● 瑞里茶園是台灣茶界採摘嫩葉，做成外型如珠的球型烏龍的濫觴。

的小球，外型嬌美可愛，可是香氣不明顯，令人不能不歎其虛有其表。尤其是台茶十二號、十三號，俗稱金萱和翠玉的茶種，如果晚個七到十天再採，高成熟度帶來更豐富的內含物質，製成的茶應會有更精采的表現。

梅山老茶區曾是濫觴，如今何不再帶動風氣，一改伐害幼苗的戀童癖，做些芳華絕代，曖曖內含光的佳品出來？濫觴者，肇始也。我們期待於梅山的有心人。

嘉義縣─梅山鄉／龍眼林

◎ 茶區簡史　一九七五年，龍眼林社區到凍頂「取經」，展開台灣高山茶的新頁
◎ 茶區分布　龍眼林，碧湖、瑞峰、瑞里、太和、太興
◎ 地形地質　山坡地，少量梯田轉作；黃棕壤土，有機質含量豐富；海拔
　　　　　　1200m上下
◎ 主要品種　青心烏龍、金萱、翠玉
◎ 茶作管理　人工集約管理；手採，本地及外地茶工師傅；中小型加工
◎ 製程特徵　日光萎凋困難，製茶廠多搭建溫室；瑞里是採摘嫩葉，外型如
　　　　　　豆的烏龍茶之濫觴
◎ 產期產季　四月中到十一月上旬，年收四季
◎ 商品名稱　通稱梅山茶。龍眼林：龍眼林茶／瑞峰：瑞峰茶／瑞里：龍珠茶
◎ 市場行情　☆☆☆★★★★☆☆☆
◎ 商品評介　梅山是台灣最早的高山茶區，紅極一時，如今一山高過一山，
　　　　　　已漸衰退。瑞里龍珠茶是當今烏龍之病的濫觴
◎ 交通狀況　路況崎嶇，雨季有坍方落石之虞
◎ 農特產品　愛玉、竹筍製品，甜柿
◎ 著名景點　瑞里瀑布

嘉義縣─梅山鄉／樟樹湖

◎ 茶區簡史　一九九〇年代初期開發的新興高山茶區
◎ 茶區分布　樟樹湖
◎ 地形地質　山坡地；是全台平台階段，駁崁最高最徹底的茶區；礫質壤
　　　　　　土；海拔1200-1600m
◎ 主要品種　青心烏龍
◎ 茶作管理　超級集約人工；手採，本地和外地茶工師傅，中小型加工
◎ 製程特徵　午後易起霧，茶廠多蓋有溫室以進行日光萎凋
◎ 產期產季　四月底到十一月中，年收四季
◎ 商品名稱　樟樹湖茶、仙葉茶
◎ 市場行情　☆☆☆☆☆☆★★★★☆
◎ 商品評介　高山的「山頭氣」特殊，求過於供，購買不易
◎ 交通狀況　由瑞里往奮起湖方向進入，雨季常有坍方落石之虞
◎ 農特產品　愛玉、竹筍及其加工品
◎ 著名景點　孟宗竹林和茶園

19. 來去阿里山

一九八〇年代開始種茶的新興茶區，
有著一般高山茶的通病，以產區為號召，
只問高度，不問每一季製作成品的好壞，重外型不重內質。

　　如今要上阿里山，南北二路開車可達。想知道阿里山公路中段，那聞名的石桌高山茶園的近況，倒也不一定要親自跑一趟。大可以拿起電話機，撥個號：

　　「喂，恁老爸有在著嘸，叫伊來聽…」「喂，恁在弄啥米碗糕……」「二水快要採了……」「工價好多？」「一公斤四十五。」「要吃要載嘸？」「載工一個人頭兩百，嘉義來的。呣一頓便當，一頓點心，攔涼水，挽一公斤七十。」「做工呢？一百斤乾算好多？」「一斤兩百五十，以工算的話，採工八百，做工從早起八點到隔日八點，一工算三工價。」「恁民國幾年開始種的，恁那些松柏坑的親戚……喂，喂，有聽見嘸？」

　　電話斷了，不知道是不是九二一的後遺症。這阿里山山腰最早的種茶人家，的確和南投名間鄉人有點沾親帶故。名間人產茶，也出專做茶買賣的人物，他們遍訪茶山，熟悉各地風土形勢。一九七八年間，來到阿里山石桌的親家那裡，飽餐一頓土雞米酒之後，往屋外一站，清風徐來雲霧出沒，不覺喝采。說這地頭更勝梅山，親家何不種茶。

　　就這樣一席話，海拔一千三百五十公尺的嘉義縣竹崎鄉中和

●阿里山石桌茶園，八〇年代初期開始種茶，立刻沾惹上高山茶區的習氣。

村石桌開始種茶。時日流轉，茶園擴展到番路鄉的隙頂、龍頭，以及阿里山鄉的達邦、里佳，和豐山村。從七、八百公尺的海拔，到一千三百公尺都有，總共約有將近五百甲地。八〇年代初開始上市，

●石桌茶區的兩個產銷班之一，阿里山珠露茶。

立刻成為兩眼長在頭頂，只往高處看的茶業界新星，行情居高不下，零售價總要兩千或三千元以上。由於名號響亮，新進山地鄉，如里佳，豐山都依附在「阿里山茶」名下，盛名至今不衰。其中石桌茶區又分兩個產銷班，

稱阿里山珠露茶和阿里山玉露茶，以標榜其身價之不凡。

　新興茶區議價的風氣，與傳統的老茶區不同。老茶區的茶人重視每一水的優劣，好壞之間大家都有定評，價錢高低全憑試茶時見真章。新茶區挾流行風尚的威力，就不吃這一套。你來阿里山買茶嗎？村裡的歐吉桑很篤定地告訴你，我們阿里山茶的行情，就是如此如此。想殺價嗎，少來！

　當然不是這樣，農產品又不是生產線上統一規格做出來的。那裡午後起霧，是典型的高山氣候，宜種茶卻不宜製茶。每一季成品好壞，其實還是靠老天爺裁奪的。何況，茶園的土地，很多並不是茶農自有，而是向縣政府租來的。除了高山困難地區，高工資和高管理費之外，還要繳租。可是繳多少呢，重不重，會不會大幅提高成本，轉嫁給消費者呢？再打電話去作「田野調查」吧……

　「喂，恁村不是有去抗爭嗎，說縣府要分茶園的地。恁是林班地、放租地，還是什麼啥……地租多少……」「歹勢，我家私有地，有交地價稅，我嘸知地租多少，不過伊攏是宜農地…」「恁嘸免交地租，以後茶要算我便宜

●石桌茶園採收春茶的情景。採茶時的天候以及茶葉的製程，都深深左右著茶的品質，新興茶區卻只問高度不問品質。

●茶園旁的石桌路標，有清楚的高度顯示。

一點。」「又問恁另外一個問題，恁那裡氣候按怎？」「去問中央氣象局啦。」「恁那裡的『年度有效積溫』多少……什麼，太深，聽嘸……喔，絕對高溫三十五度，低溫三度，春天二十四度。」「知道了，好了，去收你的二水吧……做好以後寄茶樣給我。」

　你想來去阿里山買茶嗎？最好有個那麼熟悉的，自己種茶自己做茶的好朋友。要不然那裡的當紅炸子雞，一毛也不會便宜算給你。

　阿里山茶紅火，陸客來台後更火，賣的究竟是阿里山的名號，還是一泡清新怡人的好茶見仁見智，但我們生長在台灣的人倒是可以不必去湊這個熱鬧，還是就茶論茶來得實際吧！

嘉義縣—竹崎鄉、番路鄉、阿里山鄉

◎ 茶區簡史	一九八〇年代初期，沿阿里山公路開始種茶，新興高山茶區
◎ 茶區分布	瀨頭、隙頂、龍頭、石桌、十字路、達邦、里佳、豐山
◎ 地形地質	山坡地；礫質壤土，海拔700-1600m
◎ 主要品種	青心烏龍、金萱
◎ 茶作管理	集約人工管理，手採，外地茶工師傅，小型及中型加工廠
◎ 製程特徵	午後易起霧，多採溫室或熱風萎凋，球型烏龍茶
◎ 產期產季	四月至十一月，年收四季
◎ 商品名稱	通稱阿里山茶。石桌：阿里山珠露茶、阿里山玉露茶
◎ 市場行情	☆☆☆☆★★★★☆☆，價格隨海拔同步升高
◎ 商品評介	海拔落差大，受茶園方位和製造觀念影響，品質穩定性亦不足。重外型不重內質，為高山茶通病
◎ 交通狀況	阿里山公路和小火車可入山，雨季較危險
◎ 農特產品	愛玉、竹筍及其加工品、竹製品、高山反季節蔬菜
◎ 著名景點	阿里山風景區

20. 亞熱帶茶園
——高雄市

高雄三民的茶區，一九九〇年代才開始栽培，
海拔雖高，但因緯度低，沒有明顯的高山氣質，
但產期有早春晚冬的特色，足以填補市場空檔。

　　在曾文水庫附近，地跨嘉義縣阿里山鄉和高雄市三民區青山段之處，有一個叫「茶山」的新茶區。大約十幾年前才有來自梅山、碧湖和甲仙附近的茶農入墾，種了一百五十甲地。茶園分布在海拔九百到一千兩百公尺左右的山坡上。那裡的地大都屬於國有財產局，或高雄市府所有的林地，原先都是杉木林。

　　選種的品系不出青心烏龍、金萱和四季春，雖然海拔高，但因緯度低、日照長、溫度高，所產製的茶無明顯的高山氣質，較接近中低海拔。但產期有早春晚冬的特色，可填補市場空隙，雖然名號不響亮，中、北部甚至看不到，但是茶農得以出手，應該不是問題。

　　此外，六龜也有茶，大約八〇年代就有早期從竹崎、梅山移入的茶農入墾，也曾因為早春晚冬，一年六收的氣候特性，而聞名於世。可惜因同樣的原因，使其品質無特出之處，在市面上也漸漸不了了之。

　　附帶一提，屏東縣來義鄉山區，發現野生茶樹，大者有一人合抱那麼粗，引起學者和好奇的觀光客很大的興趣。不過證諸

歷史，彷彿不是那麼回事。日本時代，日本人說來義有二寶：其一是紅豆。那紅豆煮熟之後，連殼都軟嫩好吃；其二是軍用紅茶，它更是傳奇。日本軍方為了提煉興奮劑，派遣戰鬥機從印度阿薩姆運回茶種，就種在來義地方，除了興奮劑之外，並製作高級紅茶，供軍官享用。戰後茶園廢耕，殘留的茶樹野放，成了「栽培型」的野生茶，並不是如古籍裡說的，福爾摩沙高砂族飲用的野生茶。

●高雄市三民茶區由於緯度低，可以填補早春晚冬的市場空窗期，而得到發展的機會。

高雄市—六龜區

◎ 茶區簡史　一九八〇年代，早期由梅山移民開始種茶
◎ 茶區分布　六龜近郊
◎ 地形地質　平坦，沙質壤土
◎ 主要品種　金萱、青心烏龍
◎ 茶作管理　人工集約管理，手採，外地茶工師傅，小型加工廠
◎ 製程特徵　球型烏龍茶
◎ 產期產季　氣候溫暖，茶樹不休眠，全年可採，年收六季
◎ 商品名稱　六龜茶
◎ 市場行情　☆☆☆☆★★★☆☆☆
◎ 商品評介　產量小，技術有待加強，因溫度高，苦澀味較重
◎ 交通狀況　由旗山、美濃進入
◎ 農特產品　竹筍和加工品，芒果、愛玉
◎ 著名景點　荖濃溪景觀

高雄市—三民區

◎ 茶區分布　青山段
◎ 地形地質　平坦坡地；石礫地或礫質壤土；海拔900-1200m
◎ 主要品種　青心烏龍，少量四季春、金萱
◎ 茶作管理　人工集約管理；手採，外地茶工師傅；中小型加工廠
◎ 製程特徵　球型烏龍茶
◎ 產期產季　三月到十二月，年收六季
◎ 商品名稱　通稱高山茶，尚無自有名號
◎ 市場行情　☆☆☆☆☆★★☆☆☆
◎ 商品評介　位於北回歸線之南，海拔雖高，無高山味，但早春晚冬填入市場空檔，為其商機所在
◎ 交通狀況　台3線經大埔轉產業道路進入，或由甲仙進入
◎ 農特產品　芋頭、竹筍及其加工品
◎ 著名景點　山地部落景觀

21. 茶樹基因庫
——屏東港口茶

墾丁國家公園附近的港口茶區，
以實生苗法繁殖，每株茶樹都有不同的基因和個性。
這裡的港口茶也不像嚴格定義的烏龍茶般進行發酵，
它的烏龍味是慢火炒出來的，但，這是它的特色。

　　這是一段距今已有兩百多年的傳奇。我們可以說它是「古法炮製」最典型的代表。坊間各行業所謂的「百年老店」，和它相比，更是望塵莫及。它並不座落在擁有國家級古蹟的老街上，四週也看不到古舊的巴洛克式洋樓。熙來攘往的觀光客在不遠處悠遊弄潮，豪華級度假飯店傳來的笙歌隱約可聞。但是它和墾丁國家公園遊樂區裡大剌剌的喧鬧，雖僅咫尺卻如天涯，它靜靜地僻處一隅，孕育它那綿延兩百年的傳奇——屏東縣滿州鄉的港口村，位於墾丁國家公園境內，那裡的幾畝茶園，是全台最多樣的茶樹基因庫。經營者朱義龍、朱義朝兄弟，和其他幾戶人家，以一種準業餘的，非集約式的管理，照看那些繽紛多樣的茶叢。

　　這個傳奇要從朱家兄弟的遠祖，一位任職官府機要的朱師爺說起。師爺服侍的東家任職鳳山縣，派駐瑯嶠，師爺當然隨侍在側。東家嗜茶，每每差遣他橫渡黑水溝，到福建原鄉購買武夷茶。久而久之，朱師爺心生一計，不如引進茶種，在任所附

近試種。於是帶回一袋武夷種的「茶籽」，在港口溪邊播種。茶樹長成，採收、製造，盡皆順利，喝得賓主盡歡。東家任滿離去，朱師爺和他播下的港口茶卻都留下來了。

茶樹是「異交作物」，茶園的經營為求品種劃一、採收作業期固定，大都使用「扦插」或「壓條」等無性繁殖法，確保經營的效率和品質的穩定。但是以茶籽播種的「實生苗法」，行的是有性繁殖。具體而言，每株茶樹就像每個父母生養的「個人」一樣，各有不同的基因和個性，和無性繁殖

●港口茶至今仍採實生苗法繁殖，因之茶樹主根特別發達。

的「複製人」截然不同。再換句話說，每一株「港口茶」就代表一個品種，茶園裡有幾萬株就有幾萬種。在現今台灣，除非茶業改良場打算培育新種，再也沒有別處，有這麼豐富的茶樹基因庫了。

遵循閩北古法製作的港口茶

朱師爺留傳下來的種茶心法，極有可能印證兩百多年前福建武夷山的種法。武夷山行的就是同樣的有性繁殖，朱家不過是等因奉此照章辦理。或許他也曾經試過無性繁殖，但是恆春一帶的氣候接近熱帶雨林，夏天高溫，且有漫長而明顯的乾季。

以無性繁殖法植茶，茶樹無明顯的主根，熬不過夏天就紛紛倒地。但播下種籽，卻能長出發達的主根，深入地底，而得以

存活生長。

　　茶農播種的時候，每一個「植穴」撒入三至五顆種籽，所以茶園裡每一叢都有三、五株不同的茶種，形成錯落繽紛的景觀。茶樹的葉子顏色不同，有淡黃、綠黃、深綠、紫色；葉形也有變化，橢圓形、披針形都有；萌芽期更各自不同，早生、晚生各隨其便。這不像能夠集約管理的茶園，倒像育種的苗圃。由於地處熱帶，從一、二月起便可採收，朱家兄弟和鄰居們，不分品類，隨手挑撿成熟的「對口芽」，充分混合，多年來，茶湯的口味竟然變化不大。

●港口茶的嫩芽，葉片顏色不一。

　　它的茶湯，和它的製法，則是朱家港口茶傳奇的第二幕。茶葉採收之後，不經日光萎凋，直接炒菁、揉捻──這是不發酵的綠茶的做法，但接著，再以炒鍋慢火炒熟，茶葉略呈灰白，看起來像烏龍，喝起來像烏龍，朱家兄弟當烏龍來賣，路過購買的觀光客，也當烏龍來買。但這茶不是嚴格定義的，經過半發酵製程的烏龍茶，它的熟茶風味是慢火炒出來的。Like it or not，不論你喜不喜歡，這是它的特色。重點是，朱家老師爺，當年就是這樣做茶，獻給他的東家。而他之所以這樣做，其實是依樣畫葫蘆，畫的是兩百多年前，武夷山的葫蘆。

　　這一段兩幕式的傳奇故事，如今原封不動劃入墾丁國家公園之內。茶園不能擴張，只在遇到「缺株」時，順手收集茶籽補入，形成一座封閉的、豐富多樣的茶樹基因庫。在一份九萬分

之一的南台灣地圖上，詳細得連公園裡的豪華大飯店都一一標出來。沿著往佳樂水的路上，可以看到那條「港口溪」，在溪的出海口附近打了一個星號，寫著「港口茶」，看來這茶園也列為值得一遊的景點了。只是觀光客或者呼嘯而過，或者停車買茶，多年來它卻依然寂寞，不曾有過學術界的知音前往拜訪。或許兩百年的異交，在進化史上只是目光一瞬，再等個兩千年，總會有考古學家，帶著追悔不及的懊惱來看它吧。

●朱家兄弟販賣正宗港口茶的茶行。

屏東縣─滿州鄉

◎ 茶區簡史	兩百年前朱姓師爺自武夷山引種，採實生苗法，是全台唯一行有性繁殖的茶園。製程按閩北古式綠茶鼎趆作法，也是全台獨一無二
◎ 茶區分布	滿州鄉港口村，墾丁國家公園境內
◎ 地形地質	海邊平坦坡地，次生林之內，沙質壤土
◎ 主要品種	蒔茶，行有性繁殖
◎ 茶作管理	粗放，自家採製
◎ 製程特徵	茶菁不經日光萎凋，不發酵，直接炒熟，是綠茶類「眉茶」的作法
◎ 產期產季	春節後即可開始採收，立秋前後最盛，產量隨雨季增減
◎ 商品名稱	港口茶
◎ 市場行情	☆☆☆☆☆★☆☆☆☆
◎ 商品評介	全台唯一按古法製茶，苦澀味較重，屬炒熟的綠茶，不是半發酵的烏龍茶，風味獨特，量少但仿冒品卻多
◎ 交通狀況	台26線，佳樂水風景區之前
◎ 農特產品	海產
◎ 著名景點	墾丁國家公園

22. 錢少事多離家遠
——台東

台東的茶農多是西部遷往的新移民，
是一九八〇、九〇年後才興起的新茶區。
台東全年高溫，早春晚冬是其特性，
低海拔地區的茶湯收斂性較強。

　　從前山到後山，不比從唐山過台灣那樣險惡，不必橫渡黑水
溝的驚濤駭浪。然而只要是移民，即使就在島內遷徙，也自有
他不足為外人道的辛酸。茶葉的種植，隨著兩路人馬移入台
東，當然也有著屬於自己的甘苦。

金針山變茶山，自創品名「太峰茶」

　　第一路人馬來自嘉義竹崎，時當八七水災之後。如果拿到今
天來說，或許也可以視為土石流的後遺症吧。竹崎的田地房舍
在洪水中流失，居民生活無以為繼，有帶頭者登高一呼，天無
絕人之路，大家便收拾所剩無幾的細軟，移往太麻里和金峰一
線，隨身只帶著模糊的盼望。

　　他們先砍樹造林，可惜遠水救不了近火。生活的迫切需求眼
看無以為繼，有人提起種植竹崎本鄉的金針，本少利多。金針
性喜高冷，移居地的海拔不低，何妨一試。於是取種試播，果
然一試而中，成功的落地生根，造就了近年來成為台東一景的
「金針山」。金針的栽培約於三、四月間開始管理，八、九月

間採收製作。西部的盤商隨後就來，以現金收購。一季下來，一戶可以有百萬以上的收入。

可歎好景不常。就像所有勞力密集的三次加工業一樣，工資上漲，成本升高，加上從中國走私進口的金針充斥市場，很快的就使金針山喪失了競爭力。這些竹崎老鄉的心情鬱卒，不免又返鄉探親，順道打聽一些原鄉的智慧。這一趟，他們看到了茶，而且是已經成形繁榮的，財源滾滾的梅山、阿里山茶區。他們的心活了，毫不猶豫地帶著茶苗回到台東。

●太麻里的金針園，曾經是來自竹崎的新移民，在新天地維生的重要產業。

時當八○年代初期，台灣島內飲茶風氣逐漸盛行，內銷市場有供不應求的行情。於是金針山改作茶山，取了新名「太峰茶」，開始在市場上推廣。此為其一。

●鹿野高台早先由龍潭人入墾，種植紅茶，現在僅餘一點紅茶園。

早春晚冬填補市場空窗

另一股人馬來自南投和關西，起因倒不是天災，而是人事。典型的分產愈細，種植面積趕不上人口增殖的需求，使得較有前瞻性的子弟，紛紛外出謀生。他們把小塊田地賣掉，移到人煙稀少的鹿野、卑南一帶，原鄉的田產雖然賣不了多少錢，拿

到後山來用，原來的一分地至少還換得到一甲。

　　他們先種鳳梨和其他雜作，因為買到的是旱地，而鳳梨罐頭外銷正當風行。當其時也，台鳳公司，是全台東境內唯一叫得出名號的工業，大家直呼「鳳梨工廠」而不名。暑假期間，甚至還要動員學生到廠裡打工，才趕得上交貨。可惜啊，先是夏威夷鳳梨逐漸興起，接著又有台鳳的人謀不臧——炒土地、作股票，比醃鳳梨、封罐頭還認真——於是鳳梨業垮了。

　　這一股人馬同樣回鄉取經，同樣發現時當八○年代，本鄉的茶業欣欣向榮，行情一片看漲。他們同樣也搬取茶種，回台東種在鹿野高台一帶。　台東的天氣和凍頂山或大坪林自然不同，最明顯的是它終年的高溫，並不全然有利於茶樹的栽培。一般而

●鹿野茶園，以福鹿茶為名在市場行銷。

言，為了抵消這種先天的劣勢，台東茶便只取「早春」和「晚冬」，就是選在它溫度尚可接受的季節。初起時，這是個市場優勢，因為正逢西部主要產區，青黃不接的休眠期，台東茶因而得以趁著市場買氣旺盛，而順利上市。

　　台灣人的性子是一窩蜂，看不得別人好。雖然逃荒式的移民，有拼勁十足的優點，但是茶的栽培、製作和行銷，內情複雜，畢竟不是外行人靠著幾斤蠻力就能成事。首先要設廠，必須籌措大筆資金；接著要請師傅，你又不識得他是熊是虎；再來，產地離市場遠，訊息與物流管道，都掌握在茶商手裡，其中陰晴明暗，守在茶山上的農戶，能知道多少呢？

漸漸的，島內主要產區的產能提高，進口的中國茶也開始流通於市面。寄賣在茶行的台東茶，因為市場風向改變，逐漸難以推動。茶商的口氣不同了，有點嫌東嫌西，說它泡起來像「紅水」，澀味較重，外型也不美，是典型的「market claim」。當年盲目搶種的農家，開始嘗到苦頭了。

●鹿野福鹿茶的包裝。

阿財叔就是個標準的例子，前兩年他改種釋迦了。他說種茶、做茶太辛苦，採收期做得「無暝無日」血壓昇高，白天採茶夜裡做，而且要連著好幾天，然後還要喊爹喊娘的求人家買。不如種釋迦，貨真價實的台東本地名產，白天採收之後，直接送農會，就可以回家納涼、吃飯、睡覺。

所以說，台東的茶區，看來正日漸萎縮，人口老化、海拔高，製茶難度高、品質不穩定，尤其是太麻里的金針山，它那種打帶跑的移民風格，從起家到消落都有跡可循。如今的台東茶，就只是早春晚冬，得以填入市場空窗期，比起四季採收的主要茶區，很難有什麼優勢了。

●鹿野茶園。

台東縣—太麻里鄉、金峰鄉

◎ 茶區簡史　一九九〇年代以後的新興茶區，嘉義竹崎人入墾，先種金針，再改茶作

◎ 茶區分布　太麻里山——即金針山一帶，多為山地保留地

◎ 地形地質　山坡地，海拔200-800m，礫質壤土

◎ 主要品種　青心烏龍、金萱、翠玉

◎ 茶作管理　人工集約管理，手採，採工及師傅來自當地或外地

◎ 製程特徵　球型烏龍茶

◎ 產期產季　三月底到十一月底，低地有早春晚冬茶，年收四至五季

◎ 商品名稱　通稱高山茶，流通於當地和中南部

◎ 市場行情　☆☆☆★★★★☆☆☆

◎ 商品評介　海拔較高處，受地形影響，春冬午後起霧，製作困難；受市場左右，採菁亦多偏嫩，製作技術待加強

◎ 交通狀況　沿台9線到太麻里，往金針山方向可達

◎ 農特產品　釋迦、金針、椰子、洛神、海產

◎ 著名景點　金針花季在八至九月，知本溫泉、東海岸

台東縣—鹿野鄉、卑南鄉、延平鄉

◎ 茶區簡史　關西人早先入墾，種紅茶；一九八〇年代，南投人引進烏龍；延平鄉至一九九〇年之後才有茶園

◎ 茶區分布　鹿野：高台、龍田；卑南：美農高台、初鹿牧場

◎ 地形地質　鹿野：平坦台地，沙質壤土；卑南：平坦台地，紅壤土；海拔200m；延平：山坡地

◎ 主要品種　青心烏龍、金萱、翠玉、四季春、武夷、少量阿薩姆

◎ 茶作管理　人工集約管理，手採

◎ 製程特徵　緯度低，溫度高，不經日光萎凋直接付製

◎ 產期產季　全年無休，可收六季，早春晚冬

◎ 商品名稱　福鹿茶

◎ 市場行情　☆☆☆★★★☆☆☆☆

◎ 商品評介　常年高溫，早春晚冬茶值市場空窗期，行情較佳，亦因高溫，茶湯收斂性強

◎ 交通狀況　沿台9線可達，食宿方便

◎ 農特產品　釋迦、鮮奶、鳳梨、杭菊

◎ 著名景點　初鹿牧場，史前博物館

23. 無印良品，茶出花蓮

瑞穗是老茶區，鶴崗紅茶即誕生於此，
現有天鶴茶這個品牌，也提供茶菁到外地加工。
玉里、富里溫差大，
八百公尺高的茶，有一千兩百公尺以上的高山味，
若遇到好天氣，能做出不錯的好茶。

　　約當一九三〇年代末，日本時代晚期，為了因應大東亞戰區日益吃緊的局勢，提升低迷的士氣，殖民當局有計畫地從新竹的北埔、竹東、峨眉一帶，招募客家子弟移居後山。當局選定「水尾」，就是今天的瑞穗，作為落腳的地方。在那裡試種咖啡，打算從中提煉興奮劑。雖試種失敗，但是移民留下來了。他們改從本鄉移植茶種，舉凡青心烏龍、青心大冇、武夷等品種，都獲得成功。

　　另有杜雪卿其人，大約在終戰前後，引進大葉種紅茶，在鶴崗地區試種。為了取得製茶的營運資金，以茶園向土地銀行抵押貸款，但因經營失敗，土銀將茶園沒收，自行經營製茶廠。「鶴崗紅茶」在島內市場一度人氣不差。但是它的競爭力很快就敗在進口紅茶手裡，目前製茶廠已關閉停產，茶園改種文旦。我們是否能期待「鶴崗文旦」的名號？且拭目以待吧。

　　另有同在台九線中途的舞鶴台地，從八〇年代起，有龍潭人葉發善移居試種。又有台北著名茶商，安溪福記的王泰友老先生，他生在中國老家的兒子，輾轉從香港來台依親，因而在八

●花蓮赤科山滿山遍野的茶園，土層深厚，有機質含量高，做出來有高山味，有精彩的表現。

○年代同期，買地於舞鶴，供兒子再操祖業。

　　舞鶴的地名，得於日本時代，因為空中鳥瞰，地形如鶴舞動。早年所產的茶菁，多由前山的茶商買去精製，做得好，就是流通於市場的「無印良品」。如今飲茶風氣較盛，舞鶴產的茶，以「天鶴茶」為名，行銷於花東一帶。又因為地處觀光路線的花東縱谷中途，附近又有原住民的「掃叭頂」勝地，茶園兼營民宿，做起觀光客的生意，經營得更加多元了。

　　沿著台九線往南，先到玉里，有赤科山；再往南，到富里，有六十石山，兩地也都產茶。茶農來自兩處，其一是竹崎，因為八七水災時土地流失，逃荒到後山；另一來自梅山地區的聚落，因為生聚眾多，田產愈分愈小，不得不離葉離枝，自謀生路。這兩批人到了後山，先是造林插竹，醃製筍乾為生。但是收益很慢，價格不高，幾年後又自本鄉移入金針。

　　金針引入之後，因為市場行情走俏，平坦的赤科山頂，種滿

了兩、三百甲，景觀靈動，宛如小合歡。

　　金針的作業高峰期在八月到九月，迪化街商販齊集產地，以現金收購。每戶農家一季忙下來，都有百萬以上的收入，大家種得不亦樂乎。可惜好景不常，工價飛漲加之以中國大陸私貨猖獗，立刻造成農戶很大的壓力。而壓斷駱駝背的最後一根稻草，則是「二氧化硫」事件。二氧化硫是用來保持金針花的鮮豔，但它的殘留物對人體有害。消基會公佈這個消息之後，金針山的風光就暗淡了。

　　移民聚落每當遇到困難，很自然的回到本鄉，求教於父老。本鄉的金針業者改種茶葉，移民便也有樣學樣，帶著茶苗回到墾地。於是玉里的赤科山種了六十甲，而富里的六十石山也有了二十甲茶園。兩地都在海岸山脈內側，山不高，才八百公尺，但溫度夠低，溫差夠大，土層深厚，有機質含量高，做出來的茶，有一千兩百至一千六百公尺的高山味，是相當精彩的表現，在當地市場上相當受歡迎。不過秋後受東北季風影響，霧重，好天氣較少，影響製茶的成敗較大，使得產品的「高級頻率」偏低。

　　當地的春茶和冬茶，在零售市場有兩千元上下的行情。北部和西部的茶商買回去，裝在印著其他產區名字的罐子裡，是獲利不錯的行當。

花蓮縣—玉里鄉、富里鄉

◎ 茶區簡史	竹崎、梅山移民先種金針，一九九〇年代初期才改種茶
◎ 茶區分布	玉里：赤科山／富里：六十石山
◎ 地形地質	平坦高地；礫質或黃棕壤土，有機質含量高，海拔600-800m
◎ 主要品種	青心烏龍、金萱，少量翠玉
◎ 茶作管理	人工集約管理，手採，當地和瑞穗來的採工師傅，中小型加工廠
◎ 製程特徵	球型烏龍茶
◎ 產期產季	四月中到十一月中，年收四季
◎ 商品名稱	赤科山高山茶、秀姑巒溪高山茶
◎ 市場行情	☆☆☆☆★★★☆☆☆
◎ 商品評介	海拔不高，春冬受東北季風影響，經常下雨，萎凋困難，成品菁味重。遇好天氣則品質不惡
◎ 交通狀況	自台9線進入，茶山道路崎嶇
◎ 農特產品	金針、竹筍、山產
◎ 著名景點	秀姑巒溪，沿途村落閩、客、原、漢雜居

花蓮縣—瑞穗鄉

◎ 茶區簡史	舊名水尾，日本時代北埔移民先種咖啡，再改茶作；杜姓人引紅茶入鶴崗，後由土地銀行接手經營
◎ 茶區分布	掃叭頂、鶴崗、舞鶴、虎仔山
◎ 地形地質	平坦台地；沙質壤土或紅壤土；虎仔山海拔700-800m
◎ 主要品種	青心烏龍、金萱、翠玉、大葉種阿薩姆、青心大冇、武夷
◎ 茶作管理	人工集約管理；手採機採並用；中小型加工廠，或外地人承包茶菁
◎ 製程特徵	球型烏龍茶
◎ 產期產季	三月底到十一月底，夏季留養，只採春冬茶
◎ 商品名稱	舞鶴：天鶴茶；鶴崗紅茶廠已停產
◎ 市場行情	☆☆☆★★★☆☆☆☆
◎ 商品評介	製造技術得加強，量少，當地銷售
◎ 交通狀況	位於台9線花東縱谷中心
◎ 農特產品	牛奶、茶冰淇淋、文旦、茶餐
◎ 著名景點	紅葉溫泉，掃叭頂遺址

24. OEM茶區——宜蘭

大同鄉近中央山脈，為石礫地質，
產製的茶味濃、重水、耐泡，常有佳品。
冬山的武荖坑，以重火焙武夷茶，亦顯得醇厚成熟。
老茶區品種多元，製茶亦有歷史，
只是離坪林太近，產地茶多送至坪林銷售，自身名號反而不響。

　　OEM 這三個英文字母，台灣的股票族無一不曉。大家談起
幾家上市的晶圓代工廠，其股價漲落，和國際電腦行情息息
相關。OEM 廠之受制於人，打不出自己的品牌，在此地已是
路人皆知。而所謂 OEM 也者，英文原文：Original Equipment
Manufacture，是指以原廠的設備來製造，引伸為原廠委託代工
生產的意思。

　　其實，宜蘭是老茶區了。靠山的礁溪、冬山、三星、大同等
四鄉鎮都產茶。宜蘭縣茶商公會曾倡議通稱為「蘭陽茶」，但
各鄉鎮早已有自己的名號，礁溪的是「五峰茶」、三星叫「上
將茶」、冬山為「素馨茶」，而以大同鄉享譽最早，早期人稱
「蕃仔山茶」，目前叫「玉蘭茶」。陸羽的《茶經》裡說：
「茶生爛石者上」，大同鄉近中央山脈，為石礫地質，產製的
茶味濃、重水、耐泡，常有佳品。冬山的武荖坑，以重火焙武
夷茶，亦顯得醇厚成熟。而老茶區品種較多元，舉凡青心烏
龍、青心大冇、竹葉烏龍、大葉烏龍和武夷等品種都有，當紅
的金萱、翠玉、四季春，當然也都不缺。

●宜蘭縣大同鄉觀光茶園。大同鄉所產的茶，味濃耐泡，常有佳品，目前以玉蘭茶之名行銷。

茶園總面積約六百甲，多用機械採製。因為地形和天候的因素，春茶比前山的茶區提早，但是並不獨立成為一個有地域特徵的市場。究其原因，只能說因為北宜公路一線如帶，翻過山就到坪林。那裡是包種茶最大的集散地，商販和製茶所雲集，宜蘭人勤快，自產自運，包送到坪林。茶販省得多走一趟九轉十八彎，而宜蘭茶卻因此混在鼎鼎大名的坪林茶裡頭，再找不到自己的名號了。

就因為這層集散銷售的原因，宜蘭茶便沿著坪林市場的風氣，以條型的包種茶為主。而凍頂烏龍大行其道的時代，宜蘭茶也曾沿著著中橫支線送到梨山，再轉出中部市場，儼然又是烏龍的OEM產區。

有趣的是，宜蘭人做慣了條型茶，一旦改作烏龍，也不像台灣中部的產區那樣，把茶緊緊的揉成球型，求其外型的美觀。卻只稍加揉捻，成小蝌蚪的半球型狀。這種特殊的風氣，在充滿球型烏龍的市場上，很容易分辨出來。

在市場上打自己的品牌，需要長期的經營，還得配合相當的促銷技巧，是一種資金和技術都十分密集的行當。若是本小力薄，則生產利潤便不及銷售利潤許多。

尤其是優質產品，在產地只以平價售出，大盤商轉手之間，略加改頭換面，卻得以坐享厚利，而消費者不察，難免吃了

暗虧。在茶業界典型的例子就是高山茶，像鼎鼎大名的梨山茶，或大禹嶺茶，茶園總面積才五十甲，能有多大的產量，誰能保證在鬧市的茶行，或觀光區的特產行裡，買的是不是「離山茶」呢。

其實，蘭陽的老茶區是有好茶，當地的風土與前山各異，芽葉尚嫩時就可採收，以重火烘焙，茶湯濃厚，收斂性強。以重發酵法製茶，假以時日未必不能創發其地域特性，打響自家的名號。

●宜蘭冬山以重火焙武夷茶，茶湯亦甘醇，以素馨茶在市場上行銷。

宜蘭縣

◎ 茶區簡史	種茶歷史悠久，多在坪林集散，如早期大同鄉的「蕃仔山茶」此外各產區名號在市場上並不凸顯
◎ 茶區分布	礁溪／冬山：武荖坑／三星：天送埤／大同鄉松蘿村
◎ 地形地質	山坡地，海拔200-800m，礫質壤土
◎ 主要品種	青心烏龍、金萱、翠玉、四季春、武夷、青心大冇、竹葉烏龍大葉烏龍，和少量佛手
◎ 茶作管理	人工集約經營，手採機採並用，小型加工廠
◎ 製程特徵	依市場需要做條型，或古式半球型茶
◎ 產期產季	四月初到十一月，年收四水
◎ 商品名稱	通稱蘭陽茶。冬山：素馨茶／三星：上將茶／大同：玉蘭茶／礁溪：五峰茶
◎ 市場行情	☆☆☆★★★☆☆☆☆
◎ 商品評介	因地緣關係，多做條型包種型，在坪林集散；或做凍頂式半球型，沿梨山支線送中部茶區銷售
◎ 交通狀況	台9線北宜公路，台2線北部濱海公路，台7線北橫公路，台7甲線中橫梨山支線可達
◎ 農特產品	蔬菜、蔥、蒜、鴨賞、金棗、蜜餞、膽肝
◎ 著名景點	溫泉、冬山河、太平山

第四章

來去買茶

茶業之為台灣現代開發史最璀燦的一頁，早已為人淡忘；茶之為世人最常喝的飲料，也為我們所不察；而烏龍之為台灣「國飲」，又有多少人能說得清幾分！你喝烏龍茶嗎？你都喝些什麼茶？文山包種、凍頂烏龍、東方美人，還是新近崛起的「高山鐵觀音」？

你愛高山氣、還是焙火香？有人說「春茶作香，冬茶作水」一杯在手，不覺就哼起來說：「香秀水幼，味清旗明」！

1. 來去買茶

望聞問切、開湯沖泡，買茶每一步驟都有其訣竅，
選對茶行，找對步驟，才能讓你成為懂得買茶的行家。

閩南話「來去」，前一個字是「發語詞」，表示發動那個隨
後的動作，在這裡不算數的，整個來說，這個詞就只是「去」
的意思而已。所謂「去買茶」，是去茶山或茶行，向茶農、精
製廠或大中小盤經銷商買茶，而不是等人「來」你府上，把茶
推銷給你。那些推銷者，賣的多半不是茶，而是「面子」。也
有些面子是做給自己的，大爺有錢，只喝一斤好幾萬的特等獎
比賽茶。這樣的豪客，其面子蒙受茶葉罐子上的「封條」所
「加持」，令人肅然起敬，可惜我們尋常百姓難以聞問。我們
只能規規矩矩的，從荷包裡掏出有限的預算，向專業種茶、製
茶、賣茶的人家去問訊。至於怎麼出手呢？不外乎望聞問切、
開湯沖泡。箇中訣竅，且讓我們一一檢視。

審視茶乾的三個步驟

其一，外型。未開湯之前的茶乾，一般未受專業訓練的消費
者，很難深入地判斷優劣，幸好也少有人單單看一眼就出手
的。不過還是要先看，把茶乾捧在手上，對著明亮的光線檢
視。無論條型或球型茶，顏色應鮮活，有砂綠白霜，像青蛙皮
那樣才好；注意是否隱存紅邊，紅邊是發酵適度的訊號。

冬茶顏色翠綠，春茶則墨綠，可略辨別產季。如果茶乾灰暗
枯黃，當然免了；最要注意的是那些顆粒微小，油亮如珠，白

梗綠葉猶存者，那是萎凋不足的嫩芽典型的外貌，這茶泡起來帶菁味，稍微浸泡就流於苦澀傷胃。

檢視茶乾的同時，還要注意「手感」。球型茶手握柔軟，是乾燥不足，當然不足取；拿在手上抖動要覺得有點份量，太輕者滋味淡薄，太重者易苦澀。條型包種茶，如果葉尖有刺手感，是茶菁太嫩，或退菁不足，造成「積水」的跡象，喝起來會苦澀。

再把茶乾捧著，埋頭貼緊著聞，連續深吸三次。如果香氣持續，甚至愈來愈強勁，便是好茶；較「次」者，吸第二口氣時，就會露出馬腳，或者顯不出香氣，甚至流出菁氣和雜味，當然就不要了。

小撮茶葉白磁沖泡

其次，開湯沖泡，這是試茶最要緊的步驟。

賣家通常抓一大把茶葉，把小茶壺塞得滿滿，這時要眼明手快的制止。「啊，老闆，你的茶那麼好，只要一小撮就很好喝；不要放那麼多，我們會不好意思。」我們只要一只磁杯，三公克茶葉，對一百五十c.c.滾燙的開水就夠了。

●茶具擺設。白瓷蓋杯散熱快、出湯容易、易清潔，對於飲茶來說，未必遜於紫砂壺。

不要急著喝，且等五分鐘。然後向老闆借支小湯匙，撥開茶葉，看湯色如何。如果混濁，就是炒菁不足；淡薄，則因嫩採和發酵不足；若炒得過火，葉片焦黃碎裂，同樣不足取。好茶的茶湯，湯色明亮濃稠，隨品種和製程不同，由淡黃、蜜黃，到金黃，都顯得鮮豔可愛。

　　把湯匙拿起來聞，注意不要有草菁味，即使茶湯冷卻，一股香氣依然緊咬湯匙不放；把茶湯舀進杯子裡喝，仔細分辨老闆提醒你注意的「清香」，是不是萎凋不足的草菁味。草菁味是當前烏龍茶製程不夠嚴謹所造成的，有草菁味的茶，一旦增大投葉量，再稍加久浸，必然流於苦澀，湯色馬上變深。

　　買茶的時候，做上述的動作，茶行大概就不會把你當作「盤仔」。總之要明白告訴老闆，不要多投葉、少量水、快倒茶；相反的，要求他用磁杯、少投葉、多沖水、長浸泡。這一來，茶葉的優缺點便充分呈現，一覽無遺矣。

熟記各品種、製程、產季的區別

　　茶葉又因品種、製程，和產季的區別，而有不同的表現。包種茶多以青心烏龍製成，重視香氣的清純；烏龍則應香與味並

●鐵觀音：茶乾外型呈結球狀，湯色呈琥珀色。

●紅茶：工夫紅茶的茶乾外型呈條型，湯色呈橘紅到豬肝紅。

陳。青心烏龍會呈現蘭花、桂花和特殊的品種香──「種仔旗」；金萱有桂花香，上品更有股牛奶糖香；翠玉則表現出玉蘭花香；正欉鐵觀音自有其獨有的「觀音韻」，並流露出熟果香氣，聞起來像成熟的「土菝仔」；至於白毫烏龍，當以蜂蜜香和特殊的「蟮仔氣」為極品。更為細緻的口感，還能區別高山氣、春茶和「冬仔氣」，那就需不惜工本，訪投名師才能學到家了。無論如何，茶湯都應表現甘醇而富喉韻；白毫更需滑口；湯色不分深淺，一定要明亮澄澈而油亮。

應挑有烘焙、拼配功力的茶行購茶

目前茶行業者，功力高下有別。如果不讓你如此這般的試茶，建議你不要匆促購買，或者選幾種茶各買一兩，回家去試。一般茶行都以一斤八百元和一千六百元兩種價格作為指標茶，每兩就是五十和一百元，挑這兩種茶回去

●烏龍：茶乾外型呈半球狀，茶湯顏色呈蜜黃到金黃。

＊所有茶類無論湯色深淺為何，好茶的共通點，一定要是明亮、清澈、油亮。

●東方美人：茶乾外觀白毫顯露，五色分明，茶湯顏色呈琥珀到橘紅色。

●包種：茶乾外型呈條狀，茶湯顏色呈蜜綠到蜜黃。

試喝，多少可以知道店家的水準了。目前全台茶區，都有品種窄化的現象；而流行風尚，更使選種愈來愈趨集中。茶行老闆若推薦高山茶，售價卻很「大眾化」，像接近某茶區的路邊，掛著的兩副招牌，其一寫著「純蜂蜜，不純殺頭」；其二則是「高山茶三斤一千元」。前者怵目驚心，後者荒唐可笑，由後者之為謊言，可以推論前者難以為真。客倌千萬不要上當，買他的茶，對不起自己的荷包腸胃；若買他的蜂蜜，恐怕就入你於罪了。

此外，很多茶行不分品種，只分價錢；老闆本身只做分裝，沒有鑑識能力，這些狀況，看店裡的「傢俬」就知道了。老式的茶行，原先多是精製茶廠，年長的老闆娘和茶師，掛著老花眼鏡坐在店門口揀枝，店裡頭聞得到焙茶的香氣。這樣的老店，有揀剔、烘焙和拼配的功力，能大量進貨，並長期供應品質穩定的茶。經營茶行應像餐廳一樣，買進材料，洗切蒸煮之後端出來敬客；若是小茶店，向茶農論斤買，自家做小包裝論兩來賣，等於零售青菜攤子，大可過門不入。也有人反其道而行，賣些過度「商業化」的「高科技」烏龍茶。他們的茶罐一開，甜香撲鼻而來，濃得彷彿化不開。這時你就知道，那是添加人工甘味的效果。你要加味，市場上有的是各種花茶和果茶，但都有清楚標示。如果不清不楚，想要矇混過關，顯然就是低俗的騙局，不值得消費者一哂。

2. 茶、泡茶、泡好茶

重香氣的茶，投葉量不宜多，
重滋味的茶，可以多投葉，短浸泡。
條型的包種茶，茶乾較膨鬆，投葉量約蓋杯的五分滿，
凍頂型和高山型烏龍，投葉量約三分之一，
滋味重的鐵觀音，四分之一杯就夠了。

　　談起茶具，自有苦心收集，視若拱寶的名家，他們滿架的珍品，價值連城，比起博物館的古董毫不遜色。對此我們謹誠惶誠恐的表達對藝品收藏家無上的敬意。至於飲者，就是喝茶的人，喝半發酵烏龍茶的人，自來講究所謂茶具四寶：潮汕爐、玉書碨、孟臣罐、若琛甌。

　　潮汕爐是烘爐，燒炭火，講究的用甘蔗渣或橄欖核做燃料；也有捨烘爐，而用閩式紅泥小火爐的。玉書碨，是燒開水的壺子，以薄磁製成；孟臣罐，是泡茶的壺，就是著名的宜興紫砂小陶壺，容水量約五十c.c.；若琛甌，是喝茶的小白磁杯，一套四只，各約五c.c.。

白磁茶杯是最好的泡茶器具

　　從前從前，烏龍依然「照起工」，採成熟對口芽，又經充分發酵的時代，拿孟臣罐泡茶，用若琛甌品飲，小試兩三杯，驅寒擋風消脹氣，想必是很享受的事。

　　當今這種綠茶化發酵不足的嫩葉型烏龍茶，在名家簽名手

製、六杯量的大型紫砂壺裡沖泡，投葉量大，保溫效果好，出湯又慢，茶葉在壺裡燙熟，苦澀易於釋出，第二杯就成「紅水」，喝起來卻未見高明。

事實上，走訪積已有年的大稻埕老茶行，甚至遠赴潮汕八閩地區，會發現早都改用簡單的白磁蓋杯泡茶了。磁器在一千兩百八十度高溫之下燒製，有光滑如玉的表面，沒有雜味，易於清潔；散熱快，不會燙熟茶葉；杯蓋的密閉性不強，出湯容易，不會把茶葉悶過頭。事實上，最需嚴格分辨優劣的評茶比賽裡，用的正是白磁的鑑定杯，它讓茶葉完全表現，無法仗恃名器和沖泡技巧來掩蓋茶葉的瑕疵。

這就使得飲茶更生活化、更平民化了。蓋杯價格便宜，幾十元一只，使用十分方便。如果在辦公場所，一只簡單的馬克杯；在家裡，拿只飯碗，同樣可以泡茶，大可不必講究紫砂壺。人稱紫砂壺有百分之五的透氣性，水蒸氣易於揮發，不會在壺頂凝成水珠，以免落入壺裡帶進氧氣，攪動茶湯使其變酸，能隔夜而不朽。

而茶葉能否耐得住久浸，完全看採摘製作是否按部就班而定，好茶在白磁蓋杯裡浸一整晚，依然不酸不苦，消費者大可自己試試。

投葉量依品種、製法調整

泡茶時依品種和製法來調整投葉量即可。重香氣的茶，投葉量不宜多，以使香氣舒展發揮；重滋味的茶，可以多投葉，短浸泡。條型的包種茶，茶乾較膨鬆，投葉量約蓋杯的五分滿，凍頂型和高山型烏龍，投葉量約三分之一；滋味重的鐵觀音，

四分之一杯就夠了。

用水的選擇，也有人十分講究，其實只要不含消毒水味的自來水就可以，市售的純水，缺乏微量礦物質，茶的香氣滋味反而表現不佳。

很多鑽牛角尖的「熱血份子」，滿載一車空塑膠桶，遠赴深山去尋甘露靈泉，效果卻不一定更好。除非你有合乎衛生標準的礦泉水接取包裝器材，能在現場啟用，否則泉水進了那只無法清洗的五加侖塑膠桶，接著悶在高溫的車子裡，一路搖搖晃晃，到了家裡早已變質。山泉裡又難免富含有機質，稍遇日曬，便長出青苔，不能久存。喝茶至此，豈不有點自作孽的意味。普通人家，取新鮮的自來水燒滾泡茶，就順天應人，十分愜意了。

第一泡茶也是好茶

沖泡時，很多茶藝師傅主張把第一泡倒掉，說是洗茶、消除農藥殘餘，或曰溫潤泡，實在令人難以置信。

第一泡茶沖出來，浮著一層泡沫，說它是雜質或農藥殘餘的證據，真是自以為是的鬼扯。那些

●第一次沖泡時所呈現的泡沫，其實是很「補」的營素。

泡沫是「皂素」，就像人蔘那樣「補」，而且此事已經日本大阪府茶葉先進谷本陽藏氏證實。我們舉了「東洋科學家」的證詞，證明它是像「人蔘」那麼「補」，凡我台灣同胞，應該都相信了吧。

所以說，第一泡就可以喝，而且應當喝。再一次提醒重視養身的同胞，第一泡最「補」。至於唯恐泡不開而倒掉，那也大可不必，先用開水溫壺溫杯就可以了。做得茶球緊結的凍頂型烏龍，本來就要兩三泡才能舒展；至於湯色較淡的包種茶，可以試著以搖壺和回沖的方式，使茶湯更濃郁。

至於農藥殘餘，說起來實在太多心了。茶葉的製程，從鮮葉到成品，有許多步驟在高溫下長時間進行，如炒菁的溫度高達攝氏一百六十度，時間長達七至八分鐘；初乾、團揉、覆炒，要在一百二十度的炒鍋中翻好幾小時；精製烘焙，也需一百度上下，歷時數十小時才完成。茶葉製成之後，還有相當的存放期，飲用的時候，一斤茶可以喝上整個月。一九八六年某茶區進行比賽，採了茶樣進行生物檢測，發現農藥殘餘，衛生單位在一個月之後複檢，便測不出了。

事實上，茶葉和生鮮食用的農作物不同。吃一斤小白菜，幾條小黃瓜，所冒的中毒的風險，比起喝茶要大多了，你不會把一斤才噴過藥的茶菁炒來下飯吧。不用太擔心的，看看那些老茶農，和每次動輒試飲數千杯的比賽茶評審，他們不都還活蹦亂跳嗎？

3. 茶有沒有「機」？

MOA的標章，
因為出於非營利性質的基金會，又以嚴謹的態度進行輔導，
是目前公信力較強的，有機作物認證機構。

　　茶有沒有機？當然有機。當市面充斥著各色各樣有機農牧產品時，有機茶當然也不例外。茶界人士出訪歐洲，拿出茶樣來泡，喝得賓主盡歡。到了可能下訂單的時候，買家便拿出一張密密麻麻的表格，寫滿各種微量元素的化學符號，好像他要買的，是某種尖端生化製劑那樣謹慎。而日本客人走進台灣的茶行，鞠躬如也地享用老闆源源供應的頂級高山烏龍，嘴裡連連發出「oisi－oisi」的讚歎，臨到要掏錢了，他們也總要面露苦色問一句，「Organic？」（有機嗎？）

　　唉，有機，大家都說他種的、賣的茶有機。不施藥，說是有機；安全用藥，也說有機；安全期才施藥更是有機；連化學肥料都不用的，那更是有機到十三天外了。有機也者，各國各有不同程度的規範和認證規定，目前在台灣，以「國際美育自然生態基金會」推廣的「MOA自然農法」，有較嚴謹的輔導和認證標準。

　　申請輔導的農戶，其耕作的土地要先檢測，所含的各種微量元素，都必須在許可範圍之內，土地也不能超限利用。檢測通過之後，基金會開始進行輔導。輔導戶必須按規定使用有

●MOA標章，國際美育基金會提供。這三個標章為其獨家認證的標幟，有嚴謹的輔導和認證標準。

準有機

MOA移行栽培

（財）國際美育自然生態基金會

行政院農業委員會 輔導驗證

半有機

MOA自然農法轉換範圍

（財）國際美育自然生態基金會

行政院農業委員會 輔導驗證

全有機

MOA自然農法

（財）國際美育自然生態基金會

行政院農業委員會 輔導驗證

機肥料，病蟲害則利用生物防治，例如引進天敵，以達到生態平衡。採用自然農法，經觀察可使茶樹生長勢平均，並有增大產量的效果。基金會不定期到田間抽查，確定輔導戶按規定操作。農產品的採收、加工、包裝、儲存、運銷的過程也列入輔導範圍，不得使用殺菌劑、漂白劑、合成洗滌劑，或經輻射線照射。農戶由慣行農法轉換為自然農法，又有長達七年的預備期和轉換期，期間基金會授與不同的標章，作為認證合格的標示。

　　MOA 的標章，因為是出於非營利性質的基金會，又以十分嚴謹的態度進行輔導，是目前公信力較強的，有機作物認證機構。消費者可以詢問該基金會，直接和接受輔導、或取得各級認證的茶農聯絡。

　　目前通過各級認證的茶作戶很少，大部分仍處於轉換期。在轉換初期，因為不施藥，難免蟲害，茶葉外型不美。但是仿照古時的有機耕作，生態更加平衡，只要再按部就班地製茶，成品一定相當出色。目前能取得的有機茶，就已有香氣內歛、甘醇滑口、經久耐泡、刺激性較小，適合長期存放等特點。一般施以化肥的茶，快生快長，內含物質不如有機茶那麼豐富，口感確有不

如。其間的差別就像土雞和飼料雞一樣。比較棘手的是其價格不菲。有機栽培人工較貴，售價更常在兩倍以上，嚇走不少消費者。其實若僅高個三成，只要能 cover 較貴的工資就出手，應該更能吸引消費者吧。

　　有機農業才開始萌芽，目前尚屬某種「良心」事業，多半由具有環保意識或宗教情懷的人經營。消費者為了健康的理由，也大致認同有機的理念。市場上有機可圖，魚目混珠的現象在所難免，消費者購買時，要注意認證的標章。除了 MOA 之外，茶改場推廣「安全用藥」，授與「吉園圃」的標章，雖非有機，也值得「參考參考」了。

●有機茶園經常間作綠肥作物，供作茶樹養份來源。

4. 夏天喝茶，喝冰泡茶

冷水泡茶之法，有其通則。
首先是投葉量少，大約是二公升的水，加入二十公克茶葉。
在冰箱冷藏六小時之後，將茶葉濾掉，不要再用。
冷藏的茶湯就約可保存兩三天。

　　一九〇四年夏天，世界博覽會在美國聖路易城舉行。印度製茶商會為了推廣紅茶，在會場設了一個攤位，找來一群纏頭巾的盛裝印度男子，由一位英國領班帶頭，在那裡侍候。他們沒有想到美國中西部的盛夏，其酷熱足以使新德里相形失色。在豔陽烤熟的廣場上，熱氣蒸騰的茶，剛好是揮汗如雨的觀眾，最不想要的東西。領班眼看沒有人惠顧，不得不把茶倒進加滿冰塊的玻璃杯，懇求大家賞光。大家果然喝了，並且又跑回來排隊，還要再喝。他們喜歡，而且此後都喜歡。就這樣，美國人發現了冰紅茶，並且嗜之若狂。到了一九八〇年代，他們一年喝掉三百六十億杯冰紅茶，相形之下，熱茶才消耗一百億杯。真難想像，從陸羽在西元七百八十年之際寫成《茶經》之後，過了將近一千兩百年，才有人正經的把茶冰來喝，並且成為數量驚人的龐大生意。

　　喝冰茶，不論是紅茶、綠茶，加珍珠還是附送辣妹，現泡現搖還是瓶裝罐裝，台灣發展出來的花樣，都令人目不暇給。夏天喝冰茶，花點小錢足矣，有什麼大不了的。是沒有什麼大不了。不過，近十年來，冷水泡茶之法，在市面上口耳相傳，計

較起來，卻比加冰塊到熱茶，更具十足的顛覆性。 這種最新鮮異類的泡茶之法，還沒有固定的名稱，說它是冷凍泡，冰凍泡，冰泡茶都可以。作法是將茶葉投入常溫的冷水之後，隨即移入冰箱冷藏，經過大約六小時就可以喝了。茶葉在常溫及低溫之下，其內含物質以十分緩慢的速度釋出，喝時只覺清淡的甘香，絕無厚重苦澀的可能。

　　經過反覆試作之後，發現冷水泡茶之法，有一些頗具參考價值的通則。首先是投葉量少，大約是二公升的水，加入二十公克茶葉（即是一〇〇cc的水，加入一公克茶葉）。在冰箱冷藏六小時之後，將茶葉濾掉，不要再用。冷藏的茶湯約可保存兩三天。也可以在冷水泡茶之後，移入冷凍庫，令其冷卻結冰，就可以長期保存。（水只能加八分滿，因為結冰時體積會膨脹。）在結冰前，茶葉內含物質釋出量很少，拿出來解凍時，整支瓶堅硬如鐵，最適於長途旅行時帶在車上，或徒步登山越野時，在背包側袋裡插一瓶，令它緩慢自然解凍。解凍的速度，差不多是每次口渴時，可以倒出一杯的量。如果在瓶子上裹條濕毛巾，更是現成的 Osibori，用來拭臉，神清氣爽。

　　冰泡茶的風味，以白毫烏龍最佳。上品的白毫烏龍有甘甜的蜂蜜香氣，本來就是冰過了

●把茶葉投入常溫的開水，隨即放入冰箱冷藏，約六小時後，就可以喝到冷泡茶了。如是再將茶葉濾掉，放入冷凍庫結冰，更可以長期保存。

更好喝。盛夏期間，不妨捨去坊間大賣特賣的瓶裝茶，每天晚間以冷水沖泡，冰到第二天早上，喝起來神清氣爽。出門前再作一壺，到下班回家，正好生津解渴，消除一天的疲勞。這一招消暑妙品冰泡茶，全拜當代科技之賜，即使陸羽再生，也要自歎不如。

現代人的口味，愈來愈喜歡刺激性，在冰茶杯裡加果糖、煉乳、濃縮果汁，甚至自己熬的粉圓。採用的茶葉也不限於綠茶或紅茶。事實上，十七世紀之時，首先銷到歐洲的就有烏龍茶，而當時帶動飲茶風氣的，是英王查理士二世的皇后凱薩琳。那個時代，茶與糖都是來自東方異域的珍品，把糖加進茶湯飲用，那股富貴之氣，更能彰顯帝王之尊。那位皇后喝的，即是加了糖的烏龍茶。

如今你可以到巷口的便利商店去買，也可以自己在家裡做，大熱天裡冰得透涼來喝。「微甜烏龍茶」，不錯，那就是大不列顛皇家級的享受。

5. 健康飲茶

「照起工」製作的烏龍茶，
香氣滋味俱佳，性質穩定，
既不傷胃，也無過量的咖啡因，百利而無一害。

「神農嚐百草，日遇七十二毒，得茶而解之。」這句話出自
《神農本草》，雖然學者已判定該書並非神農氏所著，不過還
是被譽為世間第一本藥用植物誌。而這一則對茶的禮讚，真是
令愛茶人士十分喜悅的傳奇。

事實上，在廣被原生茶樹的「照葉樹林帶」，自古以來，茶
葉就兼有藥用、食用和飲用的功能。飲茶習慣傳播各處之後，
沙漠地帶以肉食為主的民族、居住在苦寒之地的俄羅斯民族，
和陰濕寒冷的英倫諸島上，都既迅速又深刻地發展出飲茶習
慣，頗有一日不可無此君之態。

茶的藥效、療效，或單純地有助於身心健康，近代以來，已
有琳瑯滿目的研究報告。一九九〇年代以來，世人對健康取向
更加重視，為健康而喝茶，也成為某種「政治正確」的態度。
右列一份前茶改場阮場長的研究報告，就值得愛茶人士參考。
總括而言，阮博士寫道，飲茶的功效可歸納為八項：

1. 提神醒腦、消除疲勞、增強耐力。

2. 利尿。

3. 降低膽固醇、低密度脂蛋白。

4. 預防蛀牙。

5. 強化微血管。

●沖泡細嫩茶葉宜少量，開天沖泡即可。

6.抗菌作用。

7.抗細胞突變作用、防癌作用。

8.減緩衰老作用。

飲茶之功效大矣哉。當然也有不以為然者，多半因為喝多了茶會胃痛，或者睡不著。茶中的咖啡因有興奮中樞神經的作用，但是受到兒茶素及其氧化縮合物的中和，變得比較減緩而持續，適合長途駕車或熬夜加班時飲用。

傷胃一說，和茶葉採製過程的瑕疵，以及飲用習慣有關。當前偏向「綠茶化」的烏龍茶，採嫩芽、輕萎凋、輕發酵、殺菁不足，都易於使茶湯流於苦澀，並導致傷胃。而烏龍茶採高投葉量、連續飲用的習慣，使不適感更加嚴重。觀之茶芽最嫩、並且不發酵的綠茶，飲用的習慣卻不相同。日式的茶道全程約兩小時，每個人才喝不到兩公克的抹茶，而且事先還要先進甜點；中式綠茶的飲法亦然，每個蓋杯只置入一小撮茶葉，並大量沖水稀釋的飲法，都和烏龍茶不同。長期飲用烏龍茶的福建和潮汕一帶，習慣用小壺小杯，並淺嚐即止。目前台式飲茶，大家團團圍坐，一喝就是半天。這樣的飲法，就一定要慎選「照起工」製作的烏龍茶。換句話說，採成熟對口芽葉，萎凋、發酵、殺菁都按部就班製作的茶。這樣的烏龍茶，香氣滋味俱佳，性質穩定，就有百利而無一害了。

在此全球和台灣的景氣都不看好的時刻，島上的傳統產業日趨凋零，對茶業而言也是如此。農政單位不太費心，研究單位也不熱忱。關於茶與健康的研究，許多產茶與飲茶大國，都

持續進行，尤其針對飲茶的「治癌」效果。全球的茶葉產銷，以紅茶和綠茶為主，研究時也多採紅茶與綠茶為樣本。烏龍茶的風味雖為茶中珍品，但因製程繁複，內含物質的轉化千變萬化，不但產區小、產量少，針對半發酵茶的研究，相形之下也嚴重不足。

　　但是國人愛喝烏龍，無「種仔旗」而不歡，長期大量飲用的人口不少。而且以整體經濟的觀點來看，具有特殊風味的烏龍茶，仍因其無可替代的特性，而有朝精緻化高價商品市場發展的潛力，是式微的傳統產業中最值得保存和發展的。有關的農政單位、保健單位和學術單位，如果能更投入半發酵烏龍茶與人體健康的相關研究，配合現代化的經營策略，享譽一百五十多年的福爾摩沙烏龍茶，未嘗不能再重受世人的喜愛。

＊茶葉中成份及其功效

成　份	含量（乾物）	生理作用
兒茶素類及其氧化縮合物	10.25%	抗氧化、抗突然變異、防癌、降低膽固醇、降低血液中低密度脂蛋白、抑制血壓上昇、抑制血糖上昇、抑制血小板凝結、抗菌、抗食物過敏、腸內微生物相改善、消臭
黃酮素類	0.6-0.7%	微血管抵抗性增加、抗氧化、降血壓、消臭
咖啡因	2-4約0.6%	中樞神經興奮、提神、強心、利尿、抗喘息，代謝亢進
雜鏈多醣類	約0.6%	抑制血糖上升（抗糖尿）
維生素C	150-250mg%	抗壞血病、抗氧化、防癌
維生素E	25-70mg%	抗氧化、防癌、抗不孕
胡蘿蔔素	13-29mg%	抗氧化、防癌、免疫力增強
皂素	約0.1%	防癌、抗炎症
氟	90-350ppm	預防蛀牙
鋅	30-75ppm	防止味覺異常、防止皮膚炎、防止免疫力低下
硒	1.0-1.8ppm	抗氧化、防癌、防止心肌障礙
錳	400-2000ppm	抗氧化、酵素的輔因子、增強免疫力

第五章

一葉茶路滄桑

茶是世界上僅次於水，被喝得最多的飲料。全球年產量已經超過三百萬噸。其中，百分之八十以上是全發酵的紅茶，百分之八是不發酵的綠茶，還有百分之三，是所謂「半發酵茶」，就是我們通稱的「烏龍茶」，年產量約九萬噸以上。

除了近年在越南和印尼，有少量新闢茶園之外，產地集中在中國的福建和廣東兩省，以及台灣。台灣年產約兩萬噸，占全球烏龍茶產量的大宗。

1. 烏龍過台灣

台灣茶，起於北部。從瑞芳開始，沿著淡水河上游，
及其支流基隆河、新店溪沿岸的丘陵，一路傳播出去……

舊志稱：「嘉慶時，有柯朝者，歸自福建，始以武彝之茶，植於鰈魚坑，發育甚佳，既以茶子二斗播之，收成亦豐，隨互相傳，蓋以台北多雨，一年可收四季，春夏為盛。」

這一段逸事，是連橫的《台灣通史》〈農業志緒言〉所記載。我們不知道他引的「舊志」是哪一本，無論如何，談台灣茶史，從野生茶進入閩式半發酵茶階段，都以連橫這段記載，作為最早的根據。

大清帝國嘉慶君執政，是在西元一七九六至一八二○年間，武彝即武夷山，位於閩北和江西交界，以「岩茶」聞名於世。「鰈魚坑」的詳細地點已不可考，一般認為是在新北市瑞芳區，離海不遠的山區。以茶籽播種，是行「實生苗法」，每一顆種籽的基因都有差異，長成之後各株不同。武夷岩茶就是這樣的

●傳說引烏龍茶苗回台的林舉人（鳳池）故居，位於南投縣鹿谷鄉初鄉村。

特性，以「單欉採制」標榜個別茶樹的特質，有「大紅袍」、「鐵羅漢」、「白雞冠」、「水金龜」四大名欉。鰱魚坑種茶有成，茶園便沿著淡水河上游，及其支流基隆河、大科崁溪、新店溪沿岸的丘陵傳播出去，石碇、深坑、文山、南港、八里坌，並遠至新竹；北台灣地方，曾是全台最老，茶園面積最廣，產值最高的地區。

這一段柯朝的傳奇，比較令人接受。因為其一，武夷岩茶確實有著以種籽繁殖的傳統。事實上岩茶多半野生，是個寶貴的茶樹基因庫，山路崎嶇難行，鄉人和道士往往深入林間尋找上好的品種，一欉一欉地分別採製。陸羽《茶經》中就稱「其味甚佳」。

近代以來武夷山的茶樹也有移植或育種的，茶園大都因地制宜，在岩石堆裡東一棵西一棵地種，並不用怪手剷平，將茶苗整隊，立正看齊。

以兩百年前的運輸狀況來看，種籽的保存比起幼嫩的茶苗，更可能經長途跋涉存活下來。而種植的地點，選在離岸不遠的淺山，是漢人移民較能控制的地區。之後沿著水路系統，逐漸深入擴張，與漢人移民入台的開發史若合符節。

同樣以種籽播種，成功

●閩北建陽的矮腳烏龍茶種──可能是台灣當紅「青心烏龍」的「唐山公」，即其遠祖之意。

移植閩茶的，除了北台灣文山茶區之外，就只有台灣最南端，位於恆春半島滿州鄉港口村的「港口茶」。茶農朱家兄弟的遠祖，在兩百年前，同樣引武夷茶籽回台，種在港口溪邊的小丘上。這個茶園至今仍維持小型商業經營的規模，是南台灣的異數；更令人稱奇的是，他們和北台灣蓬勃發展的茶區近乎全面阻隔，遺世而獨立的結果，竟然完整保存了武夷遺風，以實生苗法行種籽繁殖，是今天全台灣最寶貴的茶樹基因庫。

　　除了《台灣通史》這段記載，在各茶區都還流傳著各色的故事，像凍頂林舉人引烏龍茶苗回台的傳奇，或曰烏龍最早種植於石碇楓子林的說法。不過考慮到種苗的存活率，以及兩地離水路較遠的狀況，其流傳或者有助興和促銷的功能，卻只能視為美麗的民間傳說。至於木柵鐵觀音的引種人，張姓人家的故事，其後人至今依然津津樂道，只是學者以為，更早的時期就已出現鐵觀音先產於南港的報導。或許史實更信而有徵，但傳說之富於神韻，自有其可愛之處。

　　然而台灣茶真正成為重要的產業，其引入應該從一位英國商

●據林舉人後裔的說法，此一植株，為林舉人自福建攜回的十二棵茶樹之一。

人約翰・陶德（John Dodd）說起。《台灣通史》提到：「迨同治元年，滬尾開港，外商漸至。時英人德克來設德克洋行，販運阿片樟腦，深知茶業有利。四年，乃自安溪配至茶種，勸農

分植，而貸其費。收成之時，悉為採買，運售海外。」這才真正是台灣茶「業」起飛的時刻，時當一八六六年。台茶這一起飛，立即和帝國主義及資本主義掛鉤，帶動台灣經濟、社會、人文走入全新的時代。而當時陶德所引進的，即是我們熟知的烏龍茶。

這烏龍兩字，台灣人再熟悉、卻也再混淆不過了。在它的原產地福建，甚至整個中國茶區，「烏龍」是泛指半發酵茶的一個通稱，重點在它的製程。然而它又是某些品種共用的名稱，如今閩南尚有早烏龍、大葉烏龍、豎烏龍、伸藤烏龍，以及矮腳烏龍等品種。有趣的是，作為品種名，諸多「龍種」在原產地的聲望早已日趨沈寂，被打為「色種」，難以列入閩南的鐵觀音、本山、毛蟹、黃棪（另稱黃金桂）四大品種之流。反而在移居地台灣卻大放異彩，形成膾炙人口的烏龍品種香，傳頌百年而不絕。

戰後人稱「台茶之父」的吳振鐸先生，在兩岸開放旅行之後，曾帶學生回閩去尋找台灣當家品種——青心烏龍的出身地。青心烏龍又稱軟枝烏龍，相傳一百七十年前，由閩南的安溪移植於閩北建甌。吳老一行由安溪向北，終於在建陽附近，找到青心烏龍的近親，矮腳烏龍的孑遺，並認為可能是台灣青心烏龍的遠祖。他們委託當地人立碑紀念。此為閩茶入台，烏龍過台灣之外一章。

●吳振鐸教授，正觀察一百七十年前，由閩南安溪移植到閩北建陽的矮腳烏龍。

2. 茶郊與媽祖

台灣後起的茶人茶客，

依然可以在台北火車站下車，沿著「後驛」延平北路往北，

過了長安西路之後，看到右手邊早年譽滿寶島的「狗標」服裝店時，

轉進左手的巷子，是窄窄的、短短的甘谷街。

這裡是台灣茶業起家之處……

　　「唐山過台灣，心肝結歸丸」，這句話說盡了早年來台的漢人，扁舟橫渡黑水溝的恐懼。對於隻身逃荒入台，「無某無猴」的「羅漢腳」而言是如此；對於應聘而來的建築師傅、木工、石匠、畫師，甚至前來設塾教學的三家村老夫子，也是如此。當然了，約翰・陶德從安溪招募而來的茶工與茶師傅，也沒有兩樣。

　　種茶與作茶，比起其他作物，算是相當技術密集的行當。茶種從安溪來，茶人也得從安溪來。茶之為「業」，自約翰・陶德以降，就著眼於大規模的國際貿易，是一項資本密集的行業。短短十五年內，從大稻埕向四面八方走去，滿山遍野都植滿茶樹，一直深入到「蕃界」為止。約翰・陶德在引入烏龍茶種之後，隨即又在艋舺設立精製茶廠，從種茶、採茶、粗製，到揀枝、烘焙的精製過程，在在都需要大量的技術密集的勞動人口。

　　「茶飯好吃」，工資厚、利潤高，形成一個強大的磁場。馬偕醫生寫的《台灣遙寄》書中提到，每年有一兩萬安溪人從廈

門來台經營茶業。當時的採收與製作，從清明到秋分，一口氣要忙半年。安溪的茶人便按節令，春來冬返。有些人甚至就在大稻埕定居下來。

安溪並不臨海，離廈門還有近百里路。茶工和茶師傅一行絡繹於途，「既期待又怕受傷害」，走得愈靠近海心裡就愈不踏實。幸而媽祖林默娘的神蹟和傳奇故事，逐漸在人群中擴散，形成有力的撫慰。他們來到港市，魚貫進入媽祖廟頂禮膜拜，討個香火掛在頸上；等平安過了黑水溝，踏上台灣島，孺慕之情湧現，便成了媽祖虔誠的信徒。

安溪茶人漸漸在台成家立業，發達起來，寄掛在「茶郊永和興回春所」裡的香火，不足以承載他們對媽祖的感戴，和一別數月的懷鄉之思。於是媽祖另塑金身，分了香火，也隨著茶人橫渡黑水溝，來到這新的應許之地，接受眾多善男信女的晨昏侍奉。

百年之後，台灣後起的茶人茶客，依然可以在台北火車站下車，沿著「後驛」延平北路往北，過了長安西路之後，看到右手邊早年譽滿寶島的「狗標」服裝店時，轉進左手的巷子，是窄窄的、短短的甘谷街。往前不遠，左邊一棟「台北茶商業大樓」。請上六樓，按鈴後推門進入「台北市茶商業同業公會」辦公室。行禮相詢，公會任職的小姐，會奉上茶水一杯，引你到隔壁房間，那兒端坐著「茶郊媽祖」的金身。每年農曆九月二十二日，相傳茶神

●當初庇祐茶人來台，百餘年來看盡台灣茶業興衰的「茶郊媽祖」金身，目前供奉於台北市茶商業同業公會。

陸羽生日那天，是茶人祭祀媽姐的日子。

公會大樓的所在地，就是北台灣外向型國際貿易發源地——大稻埕。公會的前身，就是一百多年前，業者組成的「茶郊永和興」。

「茶飯」果然好吃，安溪的茶人發跡了，運台灣特產的烏心石回本鄉起厝，再運福州杉到大稻埕蓋屋，海峽兩岸各置華廈，妻妾若干，並染上阿芙蓉癖。茶館四週酒家妓院林立，茶界豪客一擲千金面不改色。當然他們也在茶郊設了「回春所」，供專業的茶師傅往來落腳，代為仲介工作，施粥施藥，甚至為死難的同鄉茶人設了供奉的牌位，和媽祖並列一起。如今在公會大樓，安放媽祖的香案上，回春所的前輩茶師牌位，依然擺著，同受四時香火。

●過去外銷包裝用的茶箱，竹片編製，外覆麻布。

茶味應是清香甘醇，只是摻粉造假之後，不免苦澀。台茶的勃發，挑動漢人蜂湧競逐的群性本能，加上洋人在印度半島和爪哇，兢兢業業地研究開發，台茶免不了面臨鉅大的壓力。在一個半世紀以來，茶郊已成公會，媽祖依舊在，只是我們在百年之後，偶爾觸動良知，仍應努力思變。不只針對茶業，是指整個台灣。

3. 福爾摩沙茶

一八六九年，毛重一萬二千八百六十公斤的台灣茶，裝滿帆船兩艘，
由淡水出海，直航美國，在新大陸一「泡」而紅。
福爾摩沙台灣茶，台茶正式進入世界國際貿易體系。

　　「福爾摩沙茶」行銷海外五十餘國，締造北台灣的經濟發
展，造就了大稻埕茶商，富可敵國的身家，和沿街酒家舞廳特
種營業的興旺。茶商為了維持市面安
定，在甲午戰後割台之際，使辜顯榮
引日軍入城。

　　茶之為物，可以發身，可以怡情，
可以創匯，可以政商兩棲。

　　如果細究台灣茶的外銷，那麼溯自
十七世紀中葉，荷蘭領台時期，荷屬
東印度公司的紀錄就載明，確有少量
台灣野生茶出口，輾轉運往波斯市
場。不過真正將台灣納入世界資本
主義國際貿易體系的，應自約翰‧

●日本當局為外
銷台灣茶所做
的宣傳海報。當
時，台灣包種花
茶曾因緣銷至滿
洲國。

陶德親自打理的「福爾摩沙茶」（Formosa Tea）說起。那是
一八六九年，數量二千一百三十一擔，每擔六十公斤，總毛重
一萬二千八百六十公斤，貨裝帆船兩艘，由淡水出海，直航美
國。扁舟歷時數月抵達卸貨港，福爾摩沙茶在新大陸一「泡」
而紅。

　　約翰‧陶德創立的「寶順洋行」（Dodd ＆ Co.）從此大發利

●日本時代，台灣外銷茶的包裝盒。

市，庇蔭了洋行裡一位華裔買辦李春生。他的傳奇事跡，載於史冊，說的正是台茶方興之際的景象：

「李春生，廈門人，家貧，年十五學英語，閱讀報紙，遂知外國大勢。同治四年（一八六五年）遊台，為淡水寶順洋行買辦……先是，英人德克以淡水之地宜茶，勸農栽種，教以焙製之法。以是台北之茶聞名內外，春生實輔佐之。既而自營其業，販運南洋美國，歲卒數萬擔，獲利多。」

寶順洋行勸農栽種、焙製，並攜帶寶島姑娘出國設攤參展，大力促銷於美利堅的福爾摩沙茶，就是百年來台灣的當家品種——烏龍茶。至於美國人是否學母國英吉利的作風，在微風輕拂的午後，煮一壺水沖泡，加糖加奶配餅乾來喝，史無明文，確實不知。倒是後起之秀，被《茶葉全書》的作者威廉·烏克，譽為台茶經典代表作的「椪風茶」，喝起來宛如蜂蜜般的甘甜，英國女王暱稱之為「東方美人」。這茶又稱「白毫烏龍」，是台灣烏龍茶類中一種特殊的品系，但在國際市場上，所謂「福爾摩沙烏龍茶」（Formosa Oolong Tea）確曾專指這位名聞遐爾的美女。

一九六五年，台灣區茶輸出業同業公會出版了《台茶輸出百年簡史》，言簡意賅地說了一句話：「台灣茶業之能歷百年而不衰，除能臨機應變，隨時可製各種茶，迎合供應國際市場即時之需求以外，具有良好之色、香、味、形，等品質之特性。」這話的前半段十分精準地描繪了，台茶在資本主義、帝

國主義、殖民經濟和國際
貿易全球體系當中所扮演
的角色。她善於「臨機應
變，迎合供應」。熟悉台
灣外銷導向型中小企業的
當代人，對這幾個字的涵
義，體會再深刻不過了。

●為了促銷台灣
茶，台灣茶人遠
赴國外舉辦展售
會。

　　烏龍茶大行其道時，駐淡水的英國領事報告說，台灣的烏龍
茶深得全美國的愛好，由其價格之高可以證明。飲用台茶成為
美國的一種時尚，致使廈門與福州的烏龍茶不能與台灣競爭。
然而不出數年，市場突逢不景氣，各大洋行紛紛停止購買，一
時大稻埕茶葉庫存堆積如山。怎麼辦呢？將茶運往福州，薰以
香花，改製成包種茶，又可銷往南洋各埠。

　　甲午之後是日治時代，日本為保護本國綠茶的國際市場，殖
民地的產業政策，遂不容
其與母國發生競爭關係。
於是日本當局抑制台灣烏
龍茶的外銷，並從印度的
阿薩姆引進大葉種茶樹，
聘印度和錫蘭茶師前來，
開發台灣的紅茶事業，致
三井公司的「日東紅茶」
極一時之盛，成為殖民地
創匯的主要產業。二次大
戰期間，台灣的包種花茶

●外銷茶裝箱作
業。從堆滿整個
倉庫的茶箱，可
以想見台灣茶外
銷時期的風光。

●精製茶廠內的作業實況。百餘年來，外銷茶一直是台灣創匯的主要產業，一直到一九九〇年前後，台灣茶葉量才由出超轉為入超。

也因特殊政治紐帶，得以銷至滿州國，本地人的茶行，甚至遠赴天津、大連、上海，設立分公司。

二次戰後，國民黨政府撤退來台，百廢待舉，但茶園和茶廠復興最速，連續數年外銷實績第一，多少有助於穩定窘困的財務處境。隨即又因中方業者來台，轉移炒菁綠茶的技術，不出十年，台灣綠茶又取紅茶而代之，大銷北非摩洛哥等回教國家。待到中國低價競爭，則又引入蒸菁技術，改將煎茶銷往日本。

一百五十年間，台灣茶人從烏龍而包種，再改製紅茶、珠茶、煎茶，雖有興衰起伏，都能維持榮面，養活相關從業家

●福爾摩沙烏龍茶，贏得一九〇〇年巴黎萬國博覽會金牌獎。

庭，創造無數社會財富，甚至改寫歷史。台茶最盛時廣銷全球五十四國，靠的若不是又柔軟又強韌的「二枚腰」，又豈能「歷百年而不衰」。說她善於「臨機應變，迎合供應」，誰又能曰不宜。

4. 孤女的願望

日本時代的台灣茶業，創匯經常仍是最高。
總督府前後設立茶業傳習所、茶業試驗所，研究開發製茶機械，
成立台灣茶共同販賣所，施行出口檢驗制度，
都是為了確保台茶的外銷績效。

「請借問顧門的，賣菸阿伯啊，人在講這間工廠，有要採用人，阮雖然還少年，攏嘸知半項……」

寶島著名的歌星陳芬蘭，如今年已半百了吧。她唱這首「孤女的願望」的時候，身量還未長成。當時台灣的加工出口業正要起飛，成群和她一樣幼小的女童，如同詞裡唱的，怯怯徘徊在工廠門口，很快地被裡頭的生產線吸納進去。線上的 con-bei-ar（就是輸送帶 conveyer 的意思）不停地推移，少女也漸漸長成少婦，台灣的經濟隨之起飛。如今少婦成為歐巴桑了，她或許每天挽著菜籃逛股票市場，她那未成年的女兒，則趁著假期到麥當勞打工。這是我們這上下兩代人所目擊的，寶島滄海變桑田。

「二三十年前，女婢的身價為三十到四十元，製茶事業勃興以來，供給減少，餘者身價日高，到目前已漲為八十至一百元。」這是比我們更早兩三代，二十世紀初，日治早年《舊慣經資報告》的描述。茶的採收，一年中有六、七個月，需採數回，估計當時所雇用的採茶姑娘，多達二十萬人。再加上粗製、精製，包裝、販售等下游產銷組織，又動用三萬人。可以

●採茶風光——
台灣早期發行的
明信片。

●明信片之二，
採茶姑娘。

說茶業的發達，已使得北台灣充分就業。

「但是我小時候沒有喝過茶。」一位出身桃園龍潭的中年客家女子，很感慨地說。不錯，她住在茶區，小時候看過媽媽阿姨姑姑嫂嫂，全身裹得嚴嚴密密，一整排人彎著腰在山坡的茶園裡緩緩移動。或許她還聽過悠揚纏綿的山歌，此起彼落地唱著。但是她喝不到茶的。茶菁簍子掛在採茶女工腰間，裝滿後過磅，直接送進大型外銷茶廠，兼業茶工家裡的小女孩，沒有那樣的口福。茶可不像樹上的果子，摘下來就能吃啊。

茶葉和茶業是兩回事。茶葉像是農作，倘若置備幾件簡單的器材，小農戶也能自己炒幾斤來喝喝。但「茶業」可是經世濟民的大事，不但仰望上級「關愛的眼神」，還需放眼世界，和全球各地的風吹草動，都息息相關。大清帝國吃了英法聯軍一記敗仗，簽下天津條約，從一八六〇年起，開了安平、淡水、基隆、打狗等港，資本帝國主義一湧而進，台灣再也不是中原邊陲的蕞爾小島，卻成為歷百年而不衰的全球重要生產基地。

大清帝國終於認清這點，快馬加鞭地將台灣升格建省。外資和中資前後引進，台灣的米、糖、樟腦和茶，迅速進入世界市場。其中以茶的產值最高，連年都占外銷實績首位。劉銘傳為了便利桃竹苗茶區的外銷，從新竹修築鐵路通基隆，取代日漸壅塞的淡水港。台灣經濟重心北移，日治之後，政治中心也就設於台北了。

●明信片之三，製茶場內的作業。

日本時代的茶業，經常仍是創匯最高。總督府前後設立茶業傳習所、茶業試驗所，研究開發製茶機械，並成立台灣茶共同販賣所，施行出口檢驗制度，都是為了確保台茶的外銷績效。當今猶然在世的老茶人，仍有多位是當時傳習所公費二年學成卒業的。

二次戰後的國民政府，也相當矚目茶業這隻「金雞母」，制訂「製茶管理規則」，以「特許制」來規範茶廠，也在外匯操作上許以種種方便。茶業規模成長之後，茶界人士獨立拓展外銷，更集合生產工廠與貿易商的角色於一身。日後台灣外銷工業的萌芽與發展，走的就是茶業這一條，台灣史上最早成熟的，第三世界國家當中，最傳奇的路。

●日本時期「台灣茶」明信片套的封面。

　　從客家採茶姑娘的山歌，唱到陳芬蘭孤女的願望；從洋行、華商、茶館、茶農，到黑手師傅、工廠老闆、外商貿易仔的傳承；從茶農收取鴉片換茶菁，茶葉出口檢驗、共同運銷，到出口外匯管制；我們還可以列入茶葉摻粉、摻假、摻龍眼殼、龍眼子，到摻麵粉、摻次料、變薄、變輕、變短、變小，以及古已有之的一窩蜂大量生產、低價傾銷、自相殘殺；賺了錢就喝花酒、投機房地產、股票、六合彩；不思研究開發、專搞仿冒抄襲等等。等到混不下去了，就把產業移到更落後的地區，壓榨更便宜的勞力和原料，繼續服侍來自全球富國的客戶。三次加工業出走了，茶人也出走了，他們到福建買茶，製成台灣式的口味。在一百五十多年之後，台灣進口茶終於多過出口，台茶外銷史，闔上它的最後一頁。

　　我們說的僅僅是台灣茶業史嗎？為什麼讀起來像整個台灣發展史的記事呢？自從台灣被吸入資本帝國主義體系以來，茶業就像先行者，凡它走過的，必留下足跡。直到今日，我們彷彿還踩在，那條時而飛躍、時而顛簸的路上。

5. 一葉外銷滄桑

那時，外銷創匯，
淡水河往北海岸，一路山倚著海，夾著二號省道，
那裡是台灣最早最大的外銷茶區。
不論品種產地，不分時令節氣，產品製程規格化，做出來全是清一色。
「這才是做事業啊！」台茶外銷者老們說。

　　台北市捷運淡水線，沿著淡水河一路奔馳。在終點站下車，
繼續沿著出海口往北海岸而去，一路山倚著海，夾著二號省
道。很難想像吧，這一線地段，在一百多年來曾經是台灣最早
最大的外銷茶區，全盛時種滿了三千多甲地；甚至一九七九
年，也還有兩千多甲。如今通通沒了，近三十年的光陰，讓曾
經連綿的茶園風光，也都發生了滄海桑田的變化。

　　那一片廣袤的茶園，都把茶菁交給兩家大廠，不論紅茶、綠
茶，茶菁合起來一天可以炒製十萬公斤。如果做半發酵茶，大

型茶廠的焙籠間，
挖有四百至六百個
炭火坑，靠兩個師
傅加五六個助手照
看火候。戰後大量
出口珠茶到摩洛
哥、阿爾及利亞和
利比亞，等閒的出

●日本時期，為
了提升台茶的
外銷績效，多次
組織了海外拓銷
團。

貨量都要上百只二十呎櫃，每一櫃裝茶八噸；逢到高峰期，茶商聯合出口，從桃竹苗茶區包火車裝運，直送基隆港，那裡有charter的貨船等著。Charter也者，包船是也，時當一九七○年代，離現在還不算太遠。

「這才是做事業啊！」早年發跡的台茶外銷耆老，談起「當年勇」，不免噓唏。他們從最早的椪風烏龍茶做起，一公斤賣美金十幾元，一直做到一公斤僅三、四毛的碎型紅茶。「茶是國際性的大生意」。歐陸的零售價，是台灣起岸價的三倍；換句話說，目前台灣產地賣三千元的椪風茶，到了倫敦的 tea house，就要上萬元一斤。茶生意的買方和賣方，很顯然都是賺大錢的。

利之所在，人人趨之若鶩。安溪的茶工師傅，遠渡黑水溝前來淘金。昭和五年，西元一九三○年，日本政府在桃園林口頭湖村，設立總督府茶業傳習所；加上台灣華人固有的機敏靈動，當時創造台茶奇蹟的產製銷各路人馬，都到齊了。那一代的茶界，人才輩出，茶園遍布各地，茶廠規模宏大、設備完善。「市場要什麼，我們就做什麼。」要烏龍，要紅茶，要炒菁綠茶、蒸菁綠茶，我們都會，我們都有，只要你下單，我們就出貨。茶菁不夠嗎，沒關係，把老葉摻進去；還不夠嗎，整段比人高的樹枝砍下來剁，反正客戶要的是「碎」型紅茶；做綠茶用的茶菁太粗老，怎麼揉都不能成型，沒關係，摻些糯米粉，太白粉也無妨；綠茶有些庫存，偏偏客戶要烏龍，那也是小 case，通通倒進炒鍋裡焙熟，聞起來滿室火香，俗稱「綠茶改」，反正沒有誰搞得清楚它發過酵沒有。

那時做茶，才不論什麼品種產地，烏龍茶、紅茶、綠茶，都

是清一色，有什麼用什麼。全年四季，春茶、夏茶、二水夏和秋茶，全年各季混合拼配，使貨色規格化。各家外銷廠都有庫存，反正都是焙熟的，不易變質；世界茶市場每隔三、五年都會鬧一次飢荒，到時逢高脫手一次出清，就發了。「這樣整年都能出貨，才是事業嘛；哪有作半年休半年的生意。」耆老們對今天內銷市場上，搶購當季新鮮貨，動輒講究海拔、品種、火候的龜毛勁兒，一致地表示很—感—冒。

●裝箱妥當，等待包船航向外國銷售的福爾摩沙茶。

台灣外銷產業的蓬勃不是沒道理的，哪一行哪一業不是見招拆招的高手呢。台灣的業界向來充滿「研發」精神，兵來將擋、水來土掩，客戶下什麼單就出什麼貨。有這樣滿腦子「street smart」的人才，難怪台灣在第三世界國家當中，最早發財起家。這是有道理沒錯，但是台灣傳統產業的沒落，歸咎於「聰明反被聰明誤」，恐怕也是八九不離十。

低加工層次，低附加價值的傳統產業，一項一項地沒落，一家一家地移出。昔日坐擁大茶園的老闆們，把茶樹砍下來，改種「高爾夫球場」；或者設立遊樂場，蓋起郊區別墅。產業沒落聲中，老闆們的土地和工廠換成鈔票和股票，錢還是有的，眼光看得夠遠的，挾巨資投入新興內需產業，做起速食麵、罐頭湯，或寶特瓶裝飲料，依然是業界龍頭。其他人事業沒了，做個「閒閒美黛子」，彷彿很不是味道。

其實茶之為業，自台灣開港栽植以來，一直有些垂直分工的。茶農、茶販、拉皮條做中人的「茶猴仔」，粗製廠、精製廠、買辦和洋行，各司其職。其後的外銷茶廠，做的是收購毛茶、併堆拼配、揀剔、烘焙、精製的細工，以及選樣、議價、接單、下單、生產、檢驗、包裝、運輸、出口、押匯的事。他們的本事是「軟體」，是獨到的眼光和調度整合的能力。真正有實力有人才的「大商社」，不會因為個別產地的工資上漲，就做不下去黯然出局的。

但今天的茶人，早已隨著產業結構的改變，移師到福建、越南、泰國和印尼去種茶做茶，那裡材料和貨品不是問題，而世界市場依舊在。問題是「廉頗老矣，尚能飯否」，如果寶刀

●茶廠內，婦女們一葉一葉地審視茶葉，進行毛茶的揀剔作業。

未老，何妨御駕親征，像其它傳統產業的經營者那樣，從中國和東亞組織生產，再來個第二春。只是時代不同了，跨國事業面臨的競爭是艱鉅的考驗，是資本和技術密集，大型商社的活動場域；台灣的茶人，和一干傳統的「貿易仔」，能在產業的轉型中浴火重生嗎？

6. 斷裂與傳承

一九七〇年代之後，外銷轉內銷，
島內市場崛起之後，台茶重鎮往南移到中部茶區，
小農經營，自產自製自銷，
凍頂之名顯赫，幾乎成了烏龍茶的代名詞。

「蕃庄」，字面上來說，是指茶葉被洋鬼子裝箱運走的意思。蕃莊烏龍，是早期外銷的最大宗，買主遍布全球，茶園綠滿北台灣。又有「舖家」，做的是包種茶生意，專門供應南洋華僑，有所謂「安南館」和「暹邏館」，產區集中在古來的包種茶產地——台北文山堡。

一九七〇年代，外銷轉內銷，島內市場崛起之後，台茶重鎮往南移到中部茶區，凍頂之名顯赫，幾乎成了烏龍茶的代名詞。台灣的四大老茶區，凍頂和埔中都列名其中，然而距離北部的出口港較遠，製茶技術和經營規模都遠遠不如。北部外銷茶區必需恪守產製

●專門供應南洋華僑包種茶的「舖家」，所使用的茶葉包裝紙。

分離的「製茶管理規則」，茶廠須備有工廠登記證，產品才能外銷。這項規定，在中部茶山是陌生的，那裡自來就是小農經營，自產自製自銷，沒有政府單位前來聞問。

●茶葉過磅，準備進行後續的封袋、裝箱作業。

台灣的產業，多是島國的外銷導向型，生產規模都是著眼於全球市場。原料經過簡單加工之後出口，廠商前腳押匯收款，後腳就進酒家胡天胡地，較謹慎者購屋置產投資股票，搭上泡沫經濟膨脹的致富列車。至於內銷產業，小小兩千萬人口的市場，外銷業者是不屑一顧的。他們做慣了以貨櫃出口的大生意，對於買斤賣兩，收了「菝仔票」，不知道能不能兌現的小買賣，一向興緻缺缺。內銷廠在外銷業者眼裡，就像流動攤販面對百貨公司一樣可笑，了不起讓他到樣品室和倉庫裡，「切」點剩餘物資就算了。

台灣的產業之間，外銷和內銷是「斷裂」的，各自不相聞問；茶業也是一樣，而且北部外銷茶區和中部內銷產地，也是斷裂的；當今自產自銷的茶農和早期外銷廠的大老闆，也是斷裂的，他們各有各的世界。就時代劃分來說，當傳統外銷產業外移之後，內銷業者也並未翻身。台灣市場很奇怪，你或者買些粗製濫造的便宜貨，或者到委託行買舶來品，那些曾經因價廉物美，廣受歐美第一世界喜愛的外銷「無印良品」和「OEM」產品，反而買不到。

在傳統產業面臨時代壓力而斷裂的時候，茶業卻因為具有難得的特色而存活，甚至在泡沫經濟發達之中，更加繁榮，從

凍頂而高山，從平價的紙包「茶米」，一路飆到令人咋舌的天價。這股逆勢上升的氣勢，靠的是什麼祕方呢？

坪林包種茶區的故事，或許能提供一些線索。北部的「蕃莊」茶區隨著市場變遷都消失了，只有做「舖家」生意的坪林，存活下來。為什麼呢？那些蕃庄茶區，資本雄厚消息靈通，市場要什麼，他們就做什麼，但是等到市場什麼都不向他們買時，整個外銷產業就垮了。

坪林卻不是這樣，他們因為較靠內山，交通不便，加上地勢崎嶇，無法進行大規模的機械化，反而安於小規模的古法生產，而且百年如一日地賣到安南和暹邏的華人市場。他們未曾隨人起舞，保留了傳統烏龍茶的特色。這種堅持，使他們在一片斷裂聲中存活下來，形成特殊的，傳承的一頁。

中部的內銷烏龍茶區，也傳承下來，他們數十年如一日地製作烏龍茶，安於原先小得可憐的島內市場，終於等到了出頭天的一日。一百多年來，台茶的高峰產量都在每年兩萬噸上下，以前幾乎全數外銷，現在卻連自己喝都不夠，這龐大交易的利潤，讓小茶農和小茶行都賺了，但專作外銷的茶人不與焉。

很明顯的，堅持傳統特色者活下來了，中部茶區和北部的包種茶區，都因為堅持做自己內行的，有特色的半發酵烏龍茶，而傳承下來。那些改來改去的，都不在了。

傳統產業，倘若能保留並發揚它的特色，往更加精緻的境界「向上提升」，其前景並未封閉。包種茶區能跨越外銷與內銷兩代，依然生機暢旺，就是一個堅實的例子。而中部的凍頂型烏龍茶區，隨後往高海拔發展，更以特殊的「產地香」——即所謂的「高山氣」，造成新一波的銷售高潮，甚至獨創特殊的

品茶風格和茶藝文化。台茶是有機會往更精緻、商品價值更高的路走！

　　但是目前的趨勢，為了追求茶葉外型細緻緊結，往嫩採和輕發酵偏移，造成烏龍「綠茶化」的現象，失去了烏龍茶的特色。一旦失去特色，在市場上就會被取代，接下來便將是斷裂。不僅如此，這一代的台灣茶人，還把這一套招式，帶到福建去，在那裡監製台式的烏龍，回銷島內，或混充台茶在中國內地銷售；由於買價較高，頗受當地茶農的重視，眼看著有樣學樣，不需太久，福建茶區將被「導誤」，而歷時數百年的半發酵茶，恐怕就成了瀕臨絕種，應受保護的人間遺產了。這恐怕不算是善意的回饋吧！反省百年的台灣茶史，找到斷裂、甚至是覆亡，與傳承和發展之間的線索，或許值得當代的台灣茶人參考。

●將茶葉一一封袋、裝箱，準備外銷。

　　世界市場自有其運轉的機制，唯有精益求精，堅持「照起工」，不「偷吃步」，有不能替代之特色的人就能留下來。Formosa Oolong Tea能不能傳承，就看新一代茶人的誠意了！

7. 普洱在台發酵

從普洱引入到流行的過程，
仔細推究起來，可以推斷出台灣茶業走向的某些弊病，
尤其是比賽茶的風氣。

　　一九八〇年代後期，台灣開放赴中國探親觀光，路過香港的人，若是住過一夜，第二天起床，總想到茶樓逛逛，吃個早茶。茶樓裡的台胞很容易分辨，他們的桌上堆得滿滿，每輛餐車都叫過來，每個蒸籠都掀起來看看，都想嘗嘗。這種作風和老廣邊讀「馬經」，邊點個「一盅兩件」截然不同。另一個不同是茶，茶樓裡不外「菊普」、「香片」之屬，台胞眉頭皺起來，問有沒有烏龍？初幾年答案是沒有，如今有了，如果開口要凍頂，大概也泡得出來吧。總之，那菊普，就是普洱加菊花的意思，台胞喝不慣，說味道像發霉的茶。十多年過去了，普洱茶卻在台灣鹹魚翻身，動輒一餅數萬元。

　　普洱來自遙遠神祕，只在地理課本上讀過的雲南邊陲。戒嚴時期，在台灣的港式茶樓也

●產自雲南的普洱茶，湯色濃厚。普洱這幾年在台灣的流行，導因於烏龍綠茶化，所衍生而來的傷胃弊病。

喝得到，大都是香港客帶進來的。一九八八年，頭一批台灣茶
界人士，一行十五人，千里迢迢地遠到雲南境內，大理和西雙
版納之處，去拜訪「照葉樹林帶」——茶樹的原鄉，和普洱的
發源地。那是台灣第一次越過香港，直接和普洱接觸。從那時
起，普洱的流行，從單幫客少量攜入，到走私客以貨櫃進口，
短短十年之內，普洱在台灣大行其道。

　　從普洱引入到流行的過程，仔細推究起來，可以推斷出台灣
茶業走向的某些弊病，尤其是比賽茶的風氣。具體而言，由於
比賽茶的評審偏愛低成熟度口味，和球狀外型，導致茶農愈來
愈習慣採摘嫩芽。嫩菁內含物質不足，就容易流於苦澀，漸漸
地便有傷胃之說。這「傷胃」的苦果，是流於「綠茶化」的烏
龍，最嚴重的毛病。

　　學理上說來，茶葉的嫩芽，所含的酯型兒茶素較高，會產生
苦澀味，並導致「傷胃」。就茶的製法而言，不發酵的綠茶，
大都在「清明」、「穀雨」之前採摘嫩芽，採收後直接殺菁，

不發酵也不轉化，苦澀傷胃的物質其實都仍存在，所以必需少量投葉，低溫沖泡，喝起來才不傷胃。

全發酵的紅茶，也是以嫩芽製成者最為高貴，和綠茶一樣。但紅茶是連嫩梗一起採收，而咖啡因在嫩梗的部分含量最高，需高溫沖泡，產生收斂性較強的口味。相形之下，半發酵的烏龍茶，採摘嫩芽，多酚類含量較高，若是發酵不完全，就像「後熟」不全的青澀的香蕉。如果投葉超量，又以高溫沖泡，苦澀味大量滲出，自然就傷胃了。

至於普洱，雖然本身是「綠茶胚」，但進口台灣的，多為「渥堆」之後的「熟餅」──是一種像作堆肥那樣，後氧化、後發酵的製法──對腸胃沒有刺激性。兩者不同的特點，經有心人透過媒體推廣，很快就得到善於珍攝的台灣人所喜愛。

如果說，普洱因此得以趁隙而入，那麼這「隙」很快就拓得像高速公路那麼寬。其實台茶如果有「過」，那「過」大如日月之蝕，就是把半發酵的烏龍，做得像綠茶那麼生嫩。再這樣下去，台茶內銷市場，就滲入愈來愈大片的租界了！

●包裝好的普洱茶餅。台灣進口的普洱茶，早期多為渥堆後的熟餅，目前則以青餅為主。

8. 媽祖保佑鐵觀音

茶郊媽祖的香火留下來了，安溪人則來來去去，
台灣茶一直不絕如縷地，和安溪原產地往來不斷。
安溪人帶來的高級鐵觀音，身價可是不凡。

　　海峽兩岸的恩怨情仇，不同生命經驗的芋仔蕃薯，各有自己
的詮釋和堅持。政治禁忌逐漸鬆弛之後，或明或暗的溝通，次
第展開，許多中斷了數十年的故事，再度接上線，形成千變萬
化的人間傳奇。其中安溪與大稻埕之間的茶葉物語，也是脈絡
錯綜複雜的一個篇章。

　　自從二百年前起，來台的安溪人，就和其他逃荒或移民，娶
了「平埔阿嬤」，落地生根的「羅漢腳」不同。他們有的像義
大利的「燕子」，每
年農忙時橫渡大西洋
到阿根廷打工收割，
事後即回。有的則像
派駐外地的跨國商社
業務代表，或技術指
導員，用當時的術語
來說，就是洋行買辦

●台灣茶原鄉，
閩南安溪的鐵觀
音茶園。

和師傅的意思。說不定他們還會在駐在所——大稻埕——包個
二奶吧！台灣的茶是種來外銷的，從大稻埕運往淡水或基隆，
坐戎克船到廈門，再轉口到美洲和歐洲。安溪的茶工、製茶師

傅，和他們馨香祝禱的「茶郊媽祖」，都是台灣早期國際貿易不可或缺的環節。

茶郊媽祖的香火留下來了，安溪人則來來去去，大稻埕有厝有業，安溪老家也有厝有業，台茶貿易大多掌握在他們手裡。然後是終戰和內戰的紛亂，當往來海峽的通道突然封閉的時候，就像玩「大風吹」的遊戲，哨音一響，你能坐到那個位子，就釘在那個位子。這個遊戲宣布暫停，而且一停就是五十年。留在安溪和留在大稻埕的人，仍舊操著做茶的祖業。只是一邊富了，另一邊差些。

不過這都只是明裡的現象，暗地裡，台灣茶一直不絕如縷地，輾轉曲折地和安溪原產地暗通款曲。戒嚴早期，透過滯留香港的同鄉，透過漁船或者旅客，帶進鐵觀音。香港茶商從安溪買進毛茶，重火焙熟，和台灣的口味類似，都是湯色墨黑，滋味濃厚。開放中國

●已故老茶人王友泰先生，長年製茶、喝茶、直到高齡九十九才仙逝。

觀光之後，往來方便，那些在戰前有台灣戶籍的安溪人，帶著妻兒返台，回到大稻埕故居，發覺留台的兄弟已分炊各爨，連香火都沒他的分。但是台灣社會飲茶風氣已盛，自一九九五年起，已轉為入超。他們雖然慢了五十年，但製茶的功夫仍未放下，貿易的本能也從蟄伏中甦醒，引進安溪的高檔茶，此其時矣！只是因為最近大陸經濟發展，安溪的茶價也水漲船高，引

●安溪「茶王賽」的茶王包裝罐。一九九九出爐的茶王，一台斤可抵台幣兩百五十萬，身價不凡。

進台灣的好茶價值也必然不斐。

於是我們看到曾經有一段時間同一批安溪人，只是鬢髮已白，帶著他們的子女，成了往來兩岸的單幫客。他們帶來的高級鐵觀音，是中發酵輕焙火的新鮮口味，很接近台灣的烏龍，而且身價不凡，一九九九年安溪秋季賽的茶王，一市斤（500克）折合兩百五十萬台幣。

除了這種坐飛機來的高檔貨之外，台灣產能不足的差額，以及不生產的品種，大都像古早時期那樣，經海運渡過黑水溝而來。問題是台灣官方並未開放中國農產品進口，市場上熱絡的交易，無論是茅台、中藥、普洱，還是烏龍、鐵觀音，和一應南北什貨，都是走私貨。

較小型的海上交易，透過漁船。典型的方式是在金門和廈門之間，「兩門」直航，貨到金門，略為改頭換面，直接用中華民國的郵包寄到本島。更具規模的作法，則是整櫃或併櫃進口，或者在報關單上改頭換面，或者使用越南的產地證明，都可以在「友善」的海關面前朦混過去。海運的費用不高，每只四十呎櫃可裝三萬台斤的茶，運什費約九十萬台幣，若整櫃進口，每台斤才分攤三十元。這樣便宜的價錢，最適合進口台灣已經不再生產，但市場需求量大，低價位的「公司茶」。有趣

的是，這些進口的中國茶，並不在大稻埕的茶行集散，貨主反而是迪化街專辦南北貨的商家，因為他們才有進口牌。

平價而大量的普洱茶在那個還未開放進口的年代，也曾經由同樣的通路，一餅兩百五十到四百公克，只要兩百台幣。但是高檔的普洱，一餅動輒五、六萬台幣，那就和最高級的安溪茶王一樣，都是坐飛機來的。

兩百年前起，安溪人在黑水溝上來來往往，茶則是從台灣運往廈門。如今，安溪人在空中飛來飛去，茶則從廈門運到台灣。茶郊媽祖的金身，坐在台北市茶商公會的六樓，看盡了這一段滄桑。她的香火依舊鼎盛，大稻埕的安溪子弟，無論是在地的，或是作客的，都還到媽祖座前討個香火袋。或者他們拜求的，是某一艘裝著上品鐵觀音的漁船，或者貨櫃輪，能夠一路平安，過海關、通財路，讓他們在台北買股票，回安溪修祖宅呢？

●閩南當家品種「鐵觀音」，身價不同凡品，有佈告為證。

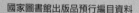
國家圖書館出版品預行編目資料

台灣茶第一堂課 /
陳煥堂、林世煜著 . --初版.--臺北市:
如果,大雁文化出版;大雁出版基地發行,
2008.11 面; 公分

ISBN 978-986-6702-21-1 (平裝)
1. 茶葉 2.臺灣
481.6 97018762

作者／陳煥堂、林世煜
設計／黃子欽
責任編輯／李莉君、張海靜
行銷企劃／郭其彬、王綬晨
副總編輯／張海靜
總編輯／王思迅
發行人／蘇拾平
出版／如果出版
　　　　大雁出版基地
地址／台北市松山區復興北路333號11樓之4
電話／（02）2718-2001　傳真／（02）2718-1258
讀者服務信箱E-mail／andbooks@andbooks.com.tw
劃撥帳號／19983379
戶名／大雁文化事業股份有限公司
出版日期／2021年11月 初版23刷
定價／380元
ISBN（平裝）978-986-6702-21-1